王心斋家训
译注

［明］王艮　著

杨鑫　译注

上海古籍出版社

"十三五"国家重点图书出版规划项目

上海市促进文化创意产业发展财政扶持资金资助项目

目录

"中华家训导读译注丛书"出版缘起

一、家训与传统文化

中国传统文化的复兴已然是大势所趋,无可阻挡。而真正的文化振兴,随着发展的深入,必然是由表及里,逐渐贴近文化的实质,即回到实践中,在现实生活中发挥作用,影响和改变个人的生活观念、生命状态,乃至改变社会生态,而不是仅仅停留在学院中的纸上谈兵,或是媒体上的自我作秀。这也已然为近年的发展进程所证实。

文化的传承,通常是在精英和民众两个层面上进行,前者通过经典研学和师弟传习而薪火相传,后者沉淀为社会价值观念、化为乡风民俗而代代相承。这两个层面是如何发生联系的,上层是如何向下层渗透的呢?中华文化悠久的家训传统,无疑在其中起到了重要作用。士子学人(文化精英）将经典的基本精神、个人习得的实践经验转化为家训家规教育家族子弟，而其中有些家训，由于家族的兴旺发达和名人代出，具有很好的示范效应，而得以向外传播，飞入寻常百姓家，进而为人们代代传诵，其本身也具有经典的意味了。由本丛书原著者一长串响亮的名字可以看到，这些著作者本身是文化精英的代表人物，这使得家训一方面融入了经典的精神，一方面为了使年幼或文化根基不厚的子弟能够理解，并在日常生活中实行，家训通常将经典的语言转化为日常话语，也更注重实践的方便易行。从这个意义上说，家训是经典的通俗版本，换言之，家训是我们重新亲近经典的桥梁。

对于从小接受现代教育（某种模式的西式教育）的国人，经典通常显得艰深和难以接近（其中的原因，下文再作分析），而从家训入手，就亲切得多。家训不仅理论话语较少，更通俗易懂，还常结合身边的或历史上的事例启发劝导子弟，特别注重从培养良好的生活礼仪习惯做起，从身边的小事做起，这使得传统文化注重实践的本质凸显出来（当然经典也是在在处处都强调实践的，只是现代教育模式使得经典的实践本质很容易被遮蔽）。因此，现代人学习传统文化，从家训入手，不失为一个可靠而方便的途径。

此外，很多人学习家训，或者让孩子读诵家训，是为了教育下一代，这是家训学习更直接的目的。年青一代的父母，越来越认识到家庭教育的重要性，并且在当前的语境中，从传统文化为内容的家庭教育可以在很大程度上弥补学校教育的缺陷。这个问题由来已久，自从传统教育让位于西式学校教育（这个转变距今大约已有一百年）以来，很多有识之士认识到，以培养完满人格为目的、德育为核心的传统教育，被以知识技能教育为主的学校教育取代，因而不但在教育领域产生了诸多问题，并且是很多社会问题的根源。在呼吁改革学校教育的同时，很多文化精英选择了加强家庭教育来做弥补，比如被称为"史上最强老爸"的梁启超自己开展以传统德育为主的家庭教育配合西式学校，成就了"一门三院士，九子皆才俊"的佳话（可参阅上海古籍出版社《我们今天怎样做父亲——梁启超谈家庭教育》）。

本丛书即是基于以上两个需求，为有志于亲近经典和传统文化的人，为有意尝试以传统文化为内容的家庭教育、希望与儿女共同学习成长的朋友量身定做的。丛书精选了历史上最有代表性的家训著作，希望为他们提供切合实用的引导和帮助。

二、读古书的障碍

现代人读古书，概括说来，其难点有二：首先是由于文言文接触太少，不熟悉繁体字等原因，造成语言文字方面的障碍。不过通过查字典、借助注释等办法，这个困难还是相对容易解决的。更大的障碍来自第二个难点，即由于文化的断层，教育目标、教育方式的重大转变，使得现代人对古典教育、对于传统文化产生了根本性的隔阂，这种隔阂会反过来导致对语词的理解偏差或意义遮蔽。

试举一例。《论语》开篇第一章：

子曰:"学而时习之,不亦说("说",通"悦")乎?有朋自远方来,不亦乐乎?人不知而不愠,不亦君子乎?"

字面意思很简单,翻译也不困难。但是,如何理解句子的真实含义,对于现代人却是一个考验。比如第一句,"学而时习之",很容易想当然地把这里的"学"等同于现代教育的"学习知识",那么"习"就成了"复习功课"的意思,全句就理解为学习了新知识、新课程,要经常复习它——一直到现在,中小学在教这篇课文时,基本还是这么解释的。但是这里有个疑问:我们每天复习功课,真的会很快乐吗?

对古典教育和传统文化有所理解的人,很容易看到,这里发生了根本性的理解偏差。古人学习的目的跟现代教育不一样,其根本目的是培养一个人的德行,成就一个人格完满、生命充盈的人,所以《论语》通篇都在讲"学",却主要不是传授知识,而是在讲做人的道理、成就君子的方法。学习了这些道理和方法,不是为了记忆和考试,而是为了在生活实践中去运用、在运用时去体验,体验到了、内化为生命的一部分才是真正的获得,真正的"得"即生命的充盈,这样才能开显出智慧,才能在生活中运用无穷(所以孟子说:学贵"自得",自得才能"居之安""资之深",才能"取之左右逢其源")。如此这般的"学习",即是走出一条提升道德和生命境界的道路,到达一定生命境界高度的人就称之为君子、圣贤。养成这样的生命境界,是一切学问和事业的根本(因此《大学》说"自天子以至于庶人，壹是皆以修身为本"），这样的修身之学也就是中国文化的根本。

所以，"学而时习之"的"习"，是实践、实习的意思，这句话是说，通过跟从老师或读经典，懂得了做人的道理、成为君子的方法，就要在生活实践中不断（时时）运用和体会，这样不断地实践就会使生命逐渐充实，由于生命的充实，自然会由内心生发喜悦，这种喜悦是生命本身产生的，不是外部给予的，因此说"不亦说乎"。

接下来，"有朋自远方来，不亦乐乎"，是指志同道合的朋友在一起共学，互相交流切磋，生命的喜悦会因生命间的互动和感应，得到加强并洋溢于外，称之为"乐"。

如果明白了学习是为了完满生命、自我成长，那么自然就明白了为什么会"人不知而不愠"。因为学习并不是为了获得好成绩、找到好工作，或者得到别人的夸奖；由生命本身生发的快乐既然不是外部给予的，当然也是别人夺不走的，那么别人不理解你、不知道你，不会影响到你的快乐，自然也就不会感到郁闷（"人不知而不愠"）了。

以上的这种理解并非新创。从南朝皇侃的《论语义疏》到宋朱熹的《论语集注》（朱熹《集注》一直到清朝都是最权威和最流行的注本），这种解释一直占主流地位。那么问题来了，为什么当代那么多专家学者对此视而不见呢？程树德曾一语道破："今人以求知识为学，古人则以修身为学。"（见程先生撰于1940年代的《论语集释》）之所以很多人会误解这三句话，是由于对古典教育、传统文化的根本宗旨不了解，或者不认同，导致在理解和解释的时候先入为主，自觉或不自觉地用了现代观念去"曲解"古人。因此，若使经典和传统文化在今天重新发挥作用，首先需要站在古人的角度理解经典本身的主旨，为此，在诠释经典时，就需要在经典本身的义理与现代观念之间，有一个对照的意识，站在读者的角度考虑哪些地方容易产生上述的理解偏差，有针对性地作出解释和引导。

三、家训怎么读

基于以上认识，本丛书尝试从以下几个方面加以引导。首先，在每种书前冠以导读，对作者和成书背景做概括介绍，重点说明如何以实践为中心读这本书。

再者，在注释和白话翻译时尽量站在读者的立场，思考可能发生的遮蔽和误解，加以解释和引导。

第三，本丛书在形式上有一个新颖之处，即在每个段落或章节下增设"实践要点"环节，它的作用有三：一是说明段落或章节的主旨。尽量避免读者仅作知识性的理解，引导读者往生活实践方面体会和领悟。

二是进一步扫除遮蔽和误解，防止偏差。观念上的遮蔽和误解，往往先入为主比较顽固，仅仅靠"简注"和"译文"还是容易被忽略，或许读者因此又产生了新的疑惑，需要进一步解释和消除。比如，对于家训中的主要内容——忠孝——现代人往往从"权利平等"的角度出发，想当然地认为提倡忠孝就是等级压迫。从经典的本义来说，忠、孝在各自的语境中都包含一对关系，即君臣关系（可以涵盖上下级关系），父子关系；并且对关系的双方都有要求，孔子说"君君、臣臣、父父、子子"，是说君要有君的样子，臣要有臣的样子，父要有父的样子，子要有子的样子，对双方都有要求，而不是仅仅对臣和子有要求。更重要的是，这个要求是"反求诸己"的，就是各自要求自己，而不是要求对方，比如做君主的应该时时反观内省是不是做到了仁（爱民），做大臣的反观内省是不是做到了忠；做父亲的反观内省是不是做到了慈，做儿子的反观内省是不是做到了孝。（《礼记·礼运》："何谓人义？父慈、子孝，兄良、弟悌，夫义、妇听，长惠、幼顺，君仁、臣忠。"）如果只是要求对方做到，自己却不做，就完全背离了本义。如果我们不了解"一对关系"和"自我要求"这两点，就会发生误解。

再比如古人讲"夫妇有别"，现代人很容易理解成男女不平等。这里的"别"，是从男女的生理、心理差别出发，进而在社会分工和责任承担方面有所区别。不是从权利的角度说，更不是人格的不平等。古人以乾坤二卦象征男女，乾卦的特质是刚健有为，坤卦的特征是宁顺贞静，乾德主动，坤德顺乾德而动；二者又是互补的关系，乾坤和谐，天地交感，才能生成万物。对应到夫妇关系上，做丈夫需要有担当精神，把握方向，但须动之以义，做出符合正义、顺应道理的选择，这样妻子才能顺之而动（"夫义妇听"），如果丈夫行为不合正义，怎能要求妻子盲目顺从呢？同时，坤德不仅仅是柔顺，还有"直方"的特点（《易经·坤·象》："六二之动，直以方也"），做妻子也有正直端方、勇于承担的一面。在传统家庭中，如果丈夫比较昏暗懦弱，妻子或母亲往往默默支撑起整个家庭。总之，夫妇有别，也需要把握住"一对关系"和"自我要求"两个要点来理解。

除了以上所说首先需要理解经典的本义，把握传统文化的根本精神，同时也需要看到，经典和文化的本义在具体的历史环境中可能发生偏离甚至扭曲。当一种文化或价值观转化为社会规范或民俗习惯，如果这期间缺少文化精英的引领和示范作用，社会规范和道德话语权很容易被权力所掌控，这时往往表现为，在一对关系中，强势的一方对自己缺少约束，而是单方面要求另一方，这时就背离了经典和文化本义，相应的历史阶段就进入了文化衰敝期。比如在清末，文化精神衰落，礼教丧失了其内在的精神（孔子的感叹"礼云礼云，玉帛云乎哉？乐云乐云，钟鼓云乎哉？"就是强调礼乐有其内在的精神，这个才是根本），成了僵化和束缚人性的东西。五四时期的很大一部分人正是看到这种情况（比如鲁迅说"吃人的礼教"），而站到了批判传统的立场上。要知道，五四所批判的现象正是传统文化精神衰敝的结果，而非传统文化精神的正常表现；当代人如果不了解这一点，只是沿袭前代人一些有具体语境的话语，其结果必然是道听途说、以讹传讹。而我们现在要做的，首先是正本清源，了解经典的本义和文化的基本精神，在此基础上学习和运用其实践方法。

三是提示家训中的道理和方法如何在现代生活实践中应用。其中关键的地方是，由于古今社会条件发生了变化，如何在现代生活中保持家训的精神和原则，而在具体运用时加以调适。一个突出的例子是女子的自我修养，即所谓"女德"，随着一些有争议的社会事件的出现，现在这个词有点被污名化了。前面讲到，传统的道德讲究"反求诸己"，女德本来也是女子对道德修养的自我要求，并且与男子一方的自我要求（不妨称为"男德"）

相配合，而不应是社会（或男方）强加给女子的束缚。在家训的解读时，首先需要依据上述经典和文化本义，对内容加以分析，如果家训本身存在僵化和偏差，应该予以辨明。其次随着社会环境的变化，具体实践的方式方法也会发生变化。比如现代女子走出家庭，大多数女性与男性一样承担社会职业，那么再完全照搬原来针对限于家庭角色的女子设置的条目，就不太适用了。具体如何调适，涉及到具体内容时会有相应的解说和建议，但基本原则与"男德"是一样的，即把握"女德"和"女礼"的精神，调适德的运用和礼的条目。此即古人一面说"天不变道亦不变"（董仲舒语），一面说礼应该随时"损益"（见《论语·为政》）的意思。当然，如何调适的问题比较重大，"实践要点"中也只能提出编注者的个人意见，或者提供一个思路供读者参考。

综上所述，丛书的全部体例设置都围绕"实践"，有总括介绍、有具体分析，反复致意，不厌其详，其目的端在于针对根深蒂固的"现代习惯"，不断提醒，回到经典的本义和中华文化的根本。基于此，丛书的编写或可看做是文化复兴过程中，返本开新的一个具体实验。

四、因缘时节

"人能弘道，非道弘人。"当此文化复兴由表及里之际，急需勇于担当、解行相应的仁人志士；传统文化的普及传播，更是迫切需要一批深入经典、有真实体验又肯踏实做基础工作的人。丛书的启动，需要找到符合上述条件的编撰者，我深知实非易事。首先想到的是陈椰博士，陈博士生长于宗族祠堂多有保留、古风犹存的潮汕地区，对明清儒学深入民间、淳化乡里的效验有亲切的体会；令我喜出望外的是，陈博士不但立即答应选编一本《王阳明家训》，还推荐了好几位同道。通过随后成立的这个写作团队，我了解到在中山大学哲学博士（在读的和已毕业的）中间，有一拨有志于传统修身之学的朋友，我想，这和中山大学的学习氛围有关——五六年前，当时独学而少友的我惊喜地发现，中大有几位深入修身之学的前辈老师已默默耕耘多年，这在全国高校中是少见的，没想到这么快就有一批年轻的学人成长起来了。

郭海鹰博士负责搜集了家训名著名篇的全部书目，我与陈、郭等博士一起商量编选办法，决定以三种形式组成"中华家训导读译注丛书"：一、历史上已有成书的家训名著，如《颜氏家训》《温公家范》；二、在前人原有成书的基础上增补而成为更完善的版本，如《曾国藩家训》《吕留良家训》；三、新编家训，择取有重大影响的名家大儒家训类文章选编成书，如《王阳明家训》《王心斋家训》；四、历史上著名的单篇家训另外汇编成一册，名为《历代家训名篇》。考虑到丛书选目中有两种女德方面的名著，特别邀请了广州城市职业学院教授、国学院院长宋婕老师加盟，宋老师同样是中山大学哲学博士出身，学养深厚且长期从事传统文化的教育和弘扬。在丛书编撰的中期，又有从商界急流勇退、投身民间国学教育多年的邵逝夫先生，精研明清家训家风和浙西地方文化的张天杰博士的加盟，张博士及其友朋团队不仅补了《曾国藩家训》的缺，还带来了另外四种明清家训；至此丛书全部12册的内容和编撰者全部落实。丛书不仅顺利获得上海古籍出版社的选题立项，且有幸列入"十三五"国家重点图书出版规划增补项目，并获上海市促进文化创意产业发展财政扶持资金（成果资助类项目—新闻出版）资助。

由于全体编撰者的和合发心，感召到诸多师友的鼎力相助，获致多方善缘的积极促成，"中华家训导读译注丛书"得以顺利出版。

这套丛书只是我们顺应历史要求的一点尝试，编写团队勉力为之，但因为自身修养和能力所限，丛书能够在多大程度上实现当初的设想，于我心有惴惴焉。目前能做到的，只是自尽其心，把编撰和出版当做是自我学习的机会，一面希冀这套书给读者朋友提供一点帮助，能够使更多的人亲近传统文化，一面祈愿借助这个平台，与更多的同道建立联系，切磋交流，为更符合时代要求的贤才和著作的出现，做一颗铺路石。

刘海滨

2019 年 8 月 30 日，己亥年八月初一

导读：王心斋生平与家学

一、王心斋生平简介

王心斋（1483—1541），名艮，字汝止，号心斋，明朝中期泰州安丰场人（今江苏省东台市安丰镇），出身于盐场世代灶户。十一岁时，因家贫之故，不能继续学业。十九岁，奉父命，在各地经商，因处理财务得宜，家庭日渐富裕。二十五岁，在山东，心斋先生拜谒孔庙，奋然兴起担当道义的志向，于是每日诵读《孝经》《论语》《大学》。心斋把书放在袖子里，逢人便问。这个阶段，他最大的特征是笃行。后来他的弟子、宰相李春芳说："先生之学，始于笃行，终于心悟。"又有学者论心斋的"笃行"时说："要其笃行，非苟从之，谓有疑便疑，可信便信；及其既信，则以非常之自信力，当下即行其所信，不复陷溺于陈言，不复自拘于流品。"说的是心斋先生的笃行不是随随便便就听从一个意见，有疑惑便疑惑，可以肯信便肯信，一旦肯信一件事情，就会用常人所不及的巨大的信力，当下就把所信的事情落实在行为上，不再被过去的言论所限制，不再被旁人的议论所拘束住。二十九岁，梦中大悟。三十八岁，拜大儒王阳明为师。五十四岁，其父王守庵无疾而卒，享年九十三，王守庵生前常和人说："我有如此孝子，故能延寿至此。"心斋治丧时，冒寒在坟墓四围筑墙，留下寒疾，五十八岁去世。

王阳明的弟子之中，开展民间讲学最为兴盛的是心斋。他的门下常有樵夫瓦匠。比如朱光信，每日上山砍柴，奉养老母。路过先生家门，朱光信便把柴放在门口，坐在门外听心斋讲学，听到欢欣鼓舞处，就背起柴火，浩歌而去。

明清之际的儒者李二曲称心斋"雨化风行，万众环集，先生抵掌其间，启以机钥，导以固有，靡不心开目明，豁然如梏得脱，如旅得归"。意思是说心斋讲学，如雨水化育万物，如风吹拂万物，千万人环聚到他身边。心斋在众人之中激扬地讲学，恰中要害地当机指点学者，引导出学者内在本有之力量。学者无不心灵打开，眼目光明，豁然开朗，像囚徒摆脱桎梏，旅人回到家乡。

礼部尚书赵大洲称心斋"其为人骨刚气和，性灵澄澈，音咳顾盼，使人意消，往往别及他事以破本疑，机应响疾，精蕴毕露"。心斋为人有刚硬的骨气，有平和的气息。他的心性灵明通透，一个声音，一声叹息，一个眼神，当下就能使人的意气消弭。心斋往往谈一些别的事情来破除学者原本的疑惑，各种机锋在讲会上不停发生，学问的精蕴统统都呈现出来。

王心斋所开创的泰州学派，在平民之中讲身心性命之学，对社会风俗有着巨大的影响。泰州一带，民风丕变。田间地头，"在在处处高谈仁义"成了安丰一带的社会风气。到心斋三传弟子罗近溪，平民讲学的风气更为兴盛，一场讲会最多有数万人参与。后人称心斋"顽廉懦立，感及齐氓，而化民成俗之功，且不在阳明下也"（《王心斋先生学谱》）。

二、王心斋家学述要

（1）简易

心斋先生处理复杂的家务事给人的感觉是：非常容易。

《王心斋年谱》记载："时诸弟毕婚，诸妇妆奁厚薄不等，有以为言者。先生一日奉亲坐堂上，焚香座前，召昆弟诚曰：'家人离，起于财务不均。'令各出所有，置庭中，错综归之，家众贴然。"

当时（1516 年），心斋的几个弟弟刚刚结完婚，几个儿媳妇的嫁妆有的重，有的轻。于是就有人说闲话，搬弄是非了。有一天，王心斋先生请父亲郑重其事地坐在家中堂上，在父亲的座前焚香，并且把家中的兄弟都召集过来，说："家人离心，从财务不均衡开始。"于是吩咐兄弟把各家的贵重财物都拿出来，放置在庭院中。心斋先生把所有东西混在一起，重新分配，家中所有的兄弟都很满意。

一家人不能完全和睦，心中对亲人有埋怨，这是我们常有的状态。家中有了这些不满的情绪，家外自然也就有了闲话。这就是"有以为言"。有以为言，是寻常人家再正常不过的事情了。而且，外人说闲话也常常是出于关心，不是恶意。除非一家人绝对和睦，彼此之间满是感激亲爱，"有以为言"这样的事情是很难避免的。孔子曾盛赞弟子闵子骞："孝哉闵子骞，人不间于其父母昆弟之言。"闵子骞真是孝顺啊，没有人在他的父母兄弟之间说长道短。做到闵子骞这样，家庭就极好了。如果能有这样的家庭，我们便有了一个坚如磐石的倚靠。我们在这世上生活，便会有源源不断的力量。儒家说我们修身做好了，那么家庭就能够好。《大学》所谓"身修而后家齐"，齐家是检验我们学养的重要指标。而家庭要到什么状态，我们看看闵子骞，就能够知道了。

心斋的家庭，存在"有以为言"的情况，表面上是财富不均引起的，根子上还是家人之间没有通气，彼此之间存在计较。这种情况，心斋什么计谋都没用，直接在父亲的见证下给大家重新分了财物。重新分配财物，这事情能办成，主要不在于心斋分配得平均，而在于心斋在家中为人信服。大家在和心斋的长期相处中，根本不会怀疑心斋会根据自己的好恶去偏袒谁。哪怕重新分配了之后，我吃亏了，只要是心斋主持的事情，我就服他。

其次，再仇视的家人，毕竟是家人。为了利益，更多的是为了一时意气，家人之间忘记了这天然的情分。心斋说："家人离，起于财务不均。"大家当即接受：是啊！怎么能因为一点点财货搞到家人离散啊！太不值了。如果说这个话的不是心斋，家人或许会想："你平时还不是看重财货，今天的事情没有落在你头上，你当然做出一副君子的样子。"或许会想："你有钱，你不在乎，你不知道我们生活有多辛苦。"或许会在心里嘀咕："这回你这么积极，是不是里面有什么好处。"我们看心斋的整个人生，一言一行纯是出于道义，没有一点点为自己考虑的心，也没有一点点要讨好别人的心。纯粹从自己的良心出发，这就是"直"。很多家庭矛盾，不是因为人坏，而是因为"不直"，七拐八弯，发心不纯，心存侥幸，这就是"枉"。孔子对哀公说："举直错诸枉，则民服。"在一群不直的人中间，如果能直心而行，那么大家会信服他。又对樊迟说："举直错诸枉，能使枉者直。"如果在一群不直的人中直心而行，那么不直的人也会变直。如果一家人抛弃得失荣辱，都是一颗良心应对万事，那么家庭就通气了，就是闵子骞那种一团和气。如此，家中便没有难为之事。这是儒家所说的简易之道——凡事发自良心去做，不涉及人为安排，便能简单容易。

（2）庸常

前面说，齐家不难，只要直心而行就好了。可这个直心而行，常人很难做到事事如此。所以，我们可以读读心斋的文字，看看如何能够让自己回到那个简易直接的生命状态中。

直心而行的状态，本不难做到。孝顺父母，敬重长辈，慈爱孩子，这个是人类的天性。心斋说："圣人之道，无异于百姓日用。"又说："百姓日用条理处即是圣人条理处。"儒家讲修身齐家，不是遥不可及的，也没有什么神秘玄妙。百姓日常生活中那样一颗孝悌之心也就是圣人的孝悌之心，只是圣人的孝悌之心纯粹，没有掺杂进别的东西。纯粹二字，就是不容易做到的地方。

《中庸》引述孔子的话："君子之道四，丘未能一焉：所求乎子，以事父，未能也；所求乎臣，以事君，未能也；所求乎弟，以事兄，未能也；所求乎朋友，先施之，未能也。庸德之行，庸言之谨。有所不足，不敢不勉；有余，不敢尽。"

意思是说，君子之道有四样，我孔丘没有一样能做得好（这四样都是寻常的事情）：希望孩子怎么对父亲，我就怎么对待父亲；希望臣下怎么对君上，我就怎么对待君主；希望弟弟怎么对待兄长，我就怎么对待兄长；希望朋友怎么对待朋友，我就先去怎么对待朋友。最平庸寻常的行为，我也要竭尽努力去做，最平庸寻常的言论，我也是谨慎言之。如果自己的实践做得不够，达不到君子的标准，不敢不自勉；如果自己的实践很好了，也不敢以君子自居。

孔子以这样的态度应对人生，只是把事父、事兄等事做到纯粹。把最寻常的事情，尽量做得纯粹，这就很难。孔子说："中庸其至矣乎，民鲜能久矣。"中庸之道，已经是极致的德行了，老百姓已经很久都做不到了。孔子又说："天下国家，可均也；爵禄，可辞也；白刃，可蹈也；中庸不可能也。"即使天下国家可以治理好，高官厚禄可以推辞，刀刃也可以在上面走过去，中庸都不能做到。

这些话，都在提醒我们，千万不要轻视那些最基本的德行。有一位年轻的学友，他学习儒学半年了，父亲在城市打工。他在父亲生日的时候去父亲工地，想好好表现一下，让父亲知道自己已经和过去不同了。他回去之前就想好，每天一定要在父亲起床之前起床，给父亲做早饭。头两天，他确实早起了。但是父亲说不用他做饭，不合口味。于是接下来，他还是比父亲早起，只是做些别的事情，而不做早饭了。又过了几日，他在闹钟响起来的时候，想着反正也不必给父亲做早饭，早上做的事情晚点做也没什么，于是就赖床赖到很晚。父亲对此也没说什么，觉得很正常。因为在父亲心中，儿子确实是这么懒惰的。离开了父亲的工地，这位学友就很后悔了。每年与父亲相聚就那几天，还没能做得很好，甚至还因为一些意见的不同，和父亲发生了口角。去之前下决心下得很大，想法也很多。那时根本不怀疑自己早起会做不到，而是想着把父亲侍奉得非常周道、愉快，让父亲感受到自己已经可以依靠信任了。并且在此基础上，运用自己学到的东西，给父亲处理家务提供一些建议。再有，就是希望说服父亲不要那么迷信，本身钱不多，还到处求神拜佛。现在看来，这些想法都太高看自己了。

学习儒学的人，有修身的兴趣的人，常常会追求一些很高明的东西，却没有用力把最平庸的事情做到位——即"庸德之行"，把最平庸的德行"行出来"。这其实是要花费巨大的气力的，可能一点也不比打坐参禅花的力气小。泰州学派从王心斋先生到罗近溪先生，都十分注重这个事情，哪怕看起来卑之无甚高论。万历首辅张居正曾经看过一篇心斋的遗稿，看完之后和别人讲："世多称王心斋，此书数千言，单言孝弟，何迂阔也！"近溪听到后说："嘻！孝弟可谓迂阔乎？"

上文提到的，心斋能够四两拨千斤地处理家庭矛盾，原因也就在这个最庸常的孝悌上。我们可以看看，心斋把这庸常之事做到什么地步。

《王心斋年谱》记载："冬十一月，守庵公早起，以户役急赴官，取冷水盥面。先生见之痛苦，曰：'有子而亲劳若是，安用人子为？'遂请出代亲役。自是，晨省夜问，如古礼。"

心斋二十六岁那年冬天十一月，父亲守庵公因为要服劳役，所以很早起床，用冷水洗脸，洗好赶紧去官府。心斋看到了之后，心中非常痛苦，说："有儿子的父母竟然这么劳苦，那还要儿子做什么？"于是请求代替父亲去服劳役。并且从此以后，心斋在早晨起床与睡前问安这些仪节上都按照古礼去做了。

心斋原本是盐丁，并非儒生。他二十五岁去山东做生意，路过孔庙，心有所感，才开始读《孝经》《论语》《大学》。他并非有老师教，而是把书放在袖子里，遇到读书人便问。一年之后，他看到父亲早上用冷水洗脸，心中便觉得不忍心了。这个不忍心，我想，连不孝的子女都会有。做子女的看到老人如此，心中一定会有波澜。而一般人，心中有不忍心，终究还是忍心过去了。而心斋心中有这个不忍，便必定落实到行动上，不管这个事情多么寻常。

王阳明曾称赞心斋是"真学圣人者，信即信，疑即疑，一毫不苟"。我们可以从这个事件看到心斋对生命的态度。我们现在读心斋，并不是要掌握心斋的治家诀窍。我想，读心斋主要是学他修身的方法，使自己成为心斋那样的人。能成为心斋那样的人，我们便不愁没有齐家的办法。

我们看心斋这个事情，再对照我之前提到的那位年轻的学友。他与心斋差不多在同样的年龄一心学习儒学，而齐家方面，有这样的差别。关键在这个"庸德之行"上。庸德，人人都可以做到，关键是要不要做？给不给自己苟且的空间？

这件事情过去之后，心斋开始遵行古礼了，因为他体会到了古人何以要行这些礼仪。于是他做起来就不显得尴尬，而是发自内心。现在我们在家中恢复一些礼仪，关键不是具体的细节，而是我们对父母的心能不能到位。而这颗心能不能到位，靠的不是思辨，不是在脑子里琢磨，而是实实在在的去实践孝、悌、慈。学习儒学，道理主要是从世上真实的实践中体贴出来的，而不是玄想出来的。赵大洲给心斋先生写的墓志铭中说："行即悟处，悟即行处，是先生早年之悟。"实践到什么地步，就是领悟到什么地步，领悟到什么地步，就是实践到什么地步，这是心斋早年悟到的东西。

（3）立本

心斋齐家，核心点是把一切家庭问题都理归到自己身上。如果能体验到这一点，齐家的事业便不难做。心斋说："知得吾身是天下国家之本，则以天地万物依于己，不以己依于天地万物。"如果能够真正体会到己身是天下国家的根本，那么天地万物都依靠我，而不是我依靠天地万物。

有一位丈夫，在妻子工作中出现闪失的时候，给妻子提出一些建议。但是妻子心理上非常抵触。这个丈夫觉得妻子非常固执，他想："我明明是出于好心，给妻子提出建议呀，而妻子总是不听，不但不领情，还和我生气。如果妻子不那么固执，能听进去别人的意见就好了。"

这是把问题归在妻子身上。在这个丈夫给妻子提出意见的时候，语气神色之间，有一种为自己树立威信的心，有一种对妻子过去不信任自己的抱怨。这些内心隐微的动机，虽然很细微，但是妻子一下就能感觉到（毕竟是朝夕相处的），所以妻子非常不满。她不满的不是丈夫给自己提出建议，而是不满丈夫在自己工作出现闪失的时候，还抓住机会数落我，显摆他自己的高明。

丈夫固然可以认为，妻子如果大度一点，家庭就会很融洽。但是如果这样，家庭好不好便不是丈夫可以掌控的，而是受制于妻子的"大度"程度。这就和心斋说的"以天地万物依于己，不以己依于天地万物"正好相反。

我们如果想齐家，首先要对整个家庭有一个担当，有一个"掌握"。要让家庭依靠自己，而不是自己依靠家庭。《周易》说"乾知大始，坤作成物"，乾的刚健的德行是主导天地化育的，而这个"知"，就如知县知府的"知"，是"知掌""掌管"的意思。在一个家庭中，如果我要齐家，首先就要有这个不被外物所牵绊、把自己脚跟站稳的能力。只有我们立了这个本，家人才可能被你所转化，而不是你被一些家庭琐事所转化。

心斋喜欢举大舜的例子，他说："瞽瞍未化，舜是一样命，瞽瞍既化，舜是一样命。"瞽瞍是舜的父亲，是一个很糟糕的父亲。舜只是做好一个儿子当做的，最终把父亲感化。我们试想，瞽瞍就算没有被感化，舜的人生丝毫不因此减色半分。舜的人生不靠家庭来决定，全然在于自己。这就是以天地万物依于己了。

如果真能做到"立本"，可能我们的家庭做不到心斋那样幸福，但是我们的家庭一定会达到最大程度的幸福。这就是一个具体的生命的完美了。

如果之前那个例子，那位丈夫能看到家庭的一切问题，在我身上都有其原因，我或多或少给所有的家庭问题推波助澜了，那么事情就好办了。那时候，妻子对丈夫的建议不满时，他便会感受到自己言行的不妥。可能他不会继续理直气壮地和妻子争吵，心里也不会不断地认定妻子固执。认为妻子固执，也是一种自我保护、自我欺骗，是给自己壮胆，让自己忽略掉、掩盖住心中的理亏的感觉。可能这个丈夫立刻就有些愧疚了。只要有了这个愧疚，接下来，不管做什么，夫妻之间的相互体谅之情就会生出来了，妻子这时候就会主动去接受丈夫的意见。这就是心斋常说的："人不爱我，必有我不爱处。"别人对我没有仁爱，在我一定有使人不爱之处。"爱人直到人亦爱。"我们去仁爱别人，一直到别人也被我感化，也成了一个仁爱的人。

立吾身为一家之本，进而可以为一族之本，甚至可以为天下之本。学生回忆心斋先生，说："先生每论世道，便谓自家有愧。"心斋每每谈及世道，谈到一些国家的状况，就觉得自己是有责任的，很是愧疚。这便是齐家功夫做到极深厚了。

我们现在这么讲：所有的事情，都要看到问题在我这里，我们解决一切问题，都要从我这里出发，把我自己作为"革命根据地"。这个讲法似乎是个方法，是个道理。所谓方法、道理，就是知道是怎么一回事，照做就好了。其实，这不仅是方法、道理、知识，而且是一种实实在在的"体验"。所以，心斋的族弟一庵先生强调"格度体验到吾身为本"。这是何种体验呢？

我把心斋读得很熟，知道一切的根本在我身上，而实际和妻子产生争执的时候，我下意识就在妻子身上找原因，而不是当下感到愧疚——我激发了妻子的抱怨。这就是没有体验到"一切问题的根本在我身上"。心斋讲了好多的道理，好多的方法，来帮助我们逐渐体验到"一切问题的根本在我身上"。心斋说，我们修身真能修到体验到"本在吾身"的地步，那么我们就可以"位天地，育万物"——让天地各安其位，让万物生生不息地化育了。

心斋悟道正是和这一点相关的。那是在正德六年，他当时二十九岁，做了一个梦，梦到天塌下来了，压到人身上，万人在奔走哭嚎。我们想象一下，倘若自己做了这样一个梦，心中必是慌张，会想着怎么逃生。而心斋在梦里一点也没想到自己，只是想着天下人怎么办。这就是"天地万物依于己"了。他在梦中独自一人，奋臂托天。看到日月星宿次序紊乱，又在梦中把他们整布如故。醒来的时候，浑身都是汗，仿佛淋了一场大雨。当时他觉得："心体洞彻，'万物一体、宇宙在我'之念益真切不容已。"心里非常透彻，真切感受到万物真是一个整体，而整个宇宙万物皆依靠于我，这种感受一直在心中，不能停息。这样一种感受不是一个知识性的理解，而是一个真实的"体验"。

在梦中，心斋先生的状态是"宇宙在我"，而醒了之后，心斋先生的一切言行都是"宇宙在我，天地万物依于己"的状态。这样的状态，成了心斋人生的基本状态。有了这样一个状态，齐家也只是时间问题了。

可以说，心斋的大部分语录，都在指引人体验到这个状态。这个状态是儒家的核心体验——万物一体之仁。这是我们齐家的根本，是我们生命的根本。

（4）门风

《王心斋年谱》："（正德）十年乙亥，先生三十三岁。家益繁庶。先生总理严密，门庭肃然，子弟于宾客不整容不敢见。"

1515 年，心斋三十三岁，家中日渐繁荣，他统筹处理家族中的事务，非常周密，所以门风很整肃。家中的小辈们不整理好自己的仪容，不敢随便面见来客。

整肃，是对于自己生命的看重，不随便，不苟且。一个儒者的家庭，即便再贫乏，生活总是很用心的。衣服可以用不太好的布去做，但是，裁剪总要用心。衣服可以打补丁，但是，不能脏兮兮的（污），或者有个洞也不去补上（损）。这是看重我们的身体，不轻视父母遗留给我们的最重要的"身"。

孔子"割不正不食"，肉割得不正，是不吃的。这个不是过度讲究，而是对自己生命的看重，不苟且。肉割得正，不需要花钱，只要用心割就好了。孔子说："群居终日，无所用心，难矣哉！"如果终日与众人相处，做事情都是随随便便不用心，这样的人生是很难过得有意义的。

心斋说："至尊者道，至尊者身，身与道便尊。"道是最尊贵的，我们的身也是最尊贵的，身和道一样尊贵。因为道是无声无臭、看不见摸不着的，唯有我们的言行可以呈现出道。《中庸》讲："苟不至德，至道不凝焉"。如果没有至德之人,至道是无法在天地间凝结的。天地精神正是靠着君子凝聚起来的。君子修身,不止是为了成就自己,更加是为了凝聚出天地的"矩"、天地的"法象"。

这个"矩"就是工匠制作器物时使用的矩尺。心斋说:"吾身犹矩,天下国家犹方,天下国家不方,还是吾身不方。"又说:"如身在一家,必修身立本,以为一家之法,是为一家之师矣。"

他在家中,一言一行,都可以作为家人的楷模。这便是家人的老师。所谓的师,并不是教人知识、技能。《中庸》讲:"君子以人治人,改而止。"君子自己的一言一行都以道为标准,君子教人,实际上只是和人相处而已。在相处的过程中,让家中子弟改变自己的不良习气,变得和君子一致,这就是"以人治人,改而止"。《中庸》对政治有个比喻:"夫政也者,蒲芦也。"蒲芦是一种昆虫,又叫蜾蠃,古人认为:"蒲芦化桑虫之子为己子。"蒲芦养育桑虫的孩子,养着养着,就把它转化成自己的孩子了。这是一种寄生现象,而古人用这个比喻,来说教育、政治的本质,是君子把他人转化成和自己一样的君子。这就是"化民成俗"。而在一个家庭中,即是通过自己的言传身教来转化家风。

转化家风,以至于化民成俗,这是心斋学问的主要内容,所以心斋的后人说:"先生生平不喜著述,且不以言语为教。"心斋弟子聂静在搜集心斋文集后讲:"先生不主言诠,或因问答,或寓简书,言句篇牍收之于流播,得之于十一也。"心斋先生不主张用言语阐明道理(所以文章很难搜集),有时在偶然的问答中,有时在给人的书信中,流传出一些语句、文章，弟子们能搜集到的不过十分之一。

另一方面，学生记载："先生眉睫之间省人最多。"心斋在眉宇神情之间，最能启发人。还有说："学者有积疑，见先生多不问而解。"学者有长久的疑惑，见到心斋先生之后，和他相处一段时间，大多不用发问，就能解决那个疑惑了。

这里，我们可以看心斋的老师——王阳明教育弟子的一件事情。王阳明曾经带着一群弟子见一位太守，太守请大家饮酒。酒席结束后，阳明叹气，说："诸君不用功，麻木可惧!"各位弟子不下功夫，十分麻木，让人忧惧! 听到老师这么一说，弟子们非常慌张，赶紧跪下请示。阳明说："第问汝止（心斋）。"这些弟子转而去问王心斋。心斋说，刚刚太守给我们行酒的时候，我们都燕坐不起，确实是麻木。

当时，太守行酒，师兄弟不起来，心斋当然不好独自起来，那会让师兄弟难堪。但是心斋坐着，神情必然有些表现，而不是一副安然的样子。而阳明当时必是看到了心斋的细微神色，所以事后让大家问他。

这事情发生在五百多年前，我们今日依然可以感受到阳明师门那种眉睫之教的精微。孔子说："二三子以我为隐乎? 吾无隐乎尔。吾无行而不与二三子者，是丘也。"弟子们以为我有所隐藏吗? 我一点隐藏都没有。我的一言一行都展现在弟子面前，这就是我孔丘。"无行不与二三子"正是孔子的眉睫之教。

心斋的族弟王一庵称心斋"斋明盛服，一时俱在"，心斋教子弟，最为有力度的就是这个"斋明盛服"。斋明，是说内心庄敬而光明，盛服，是说衣着仪容整肃。他的一言一行，透露出的气息就是斋明盛服。心斋的儿子王东厓说："天地以大其量，山岳以耸其志，冰霜以严其操，春阳以和其容，此吾人进道之法象也。"这便是心斋带起的家风。《礼记·表记》讲："仁者，天下之表也。义者，天下之制也。"宽仁的人，他的一言一行，就是天下人的表率。正义的人，他的一言一行，就是天下人的制度。仁义，就是天下的法象，也就是心斋说的"矩"。

心斋先生通过自己的修身，不但改变了家风，一乡的风气都因之而有变化。

王东厓说："自吾先君前辈倡道以来，在在处处高谈仁义而人弗惊，明着衣冠而士乐从，此等风化，三代之治其在兹乎？若某之愚，终身从事，虽梦寐而不忘情也，有由然矣，幸哉！"意思是说，从我的先父（心斋）以及前辈弘扬儒学以来，人们随时随处高谈仁义，也没有人觉得惊讶。理直气壮地穿着儒者的衣冠，别人不觉得奇怪，反而乐于跟从。这样的风化，三代圣王治下的风气恐怕就在这里了。我不才，愿意终身从事我父亲的事业。即便在睡梦中，我都不能忘怀，因为这感受是油然而生的。真是有幸啊！

东厓六十岁时说："居常见乡之耆众，群出而肃衣巾，具仪礼，执杯斝，而称寿于人之庭，竞人欢会，竟不知其凡几矣。大都以寿庆者恒十之八九。感而喜曰：何吾乡之多享有永年者，足以征风土之厚……"他居家乡时，常常看到乡里的老人一起出来，穿着儒家的衣冠，依照儒礼，拿着酒杯，在庭院里给人贺寿。总有人欢快地聚会，都不知道多少回了。乡里人十有八九都能活得长久而庆寿。他十分高兴：为何我们乡的人大多能长寿，这足以证明我们这里风土厚重。在心斋兴起讲会之前，家乡安丰一带是盐场，生活艰苦，风俗剽悍。而心斋先生倡道之后，其家风、学派的门风，以及乡间的民风都有了巨大的改变。

今日学习心斋，改善我们的家风，须把握几个要点：

1. 我修身齐家，不单是为了我自己，家人与我是一体的。家人的德行有所改善，人生得到提升，有时候比自己德行的长进还令我高兴。家人德行不足，我便看作自身德行不足。切不可把自己和家人分开。如果觉得自己德行越来越好，反而看不上家人的德行，那修身一定走上邪道了。这是由内而外、由己及人、根本的齐家路线。

2. 对家风有一个高的要求。比如凡事只讲道义，不讲利益。这时候，即便自己是个功利的人，也不妨碍在家中高举道义。因为我高举道义不是为了显示出自己高人一等，不是为了责备别人，而是为了把家风整体往上提。在我高举道义的时候，一旦我心里有了功利的想法，不但别人都盯着我，我自己都会觉得羞耻。于是，功利心刚刚萌发的时候，常常就因羞耻感而自行消退了。《礼记·表记》讲："君子耻服其服而无其容，耻有其容而无其辞，耻有其辞而无其德，耻有其德而无其行。是故君子衰绖则有哀色，端冕则有敬色，甲胄则有不可辱之色。"君子穿上了一件衣服，而没有合适的仪容，便觉得羞耻；有合适的仪容而没有合适的言辞，便会觉得羞耻；有合适的言辞而没有一致的品德，就觉得羞耻；有合适的品德而没有一致的行为，就会觉得羞耻。所以君子穿上丧服就有哀伤的神色，戴上帽子就有庄敬的神色，穿上铠甲就有凛然不可辱的神色。

所以，在自己德行还不足的时候，也不妨努力做出个君子的样子。在别人盯着我的时候，我生怕自己言行不一。这个怕，正是羞恶之心，是人的本性。这个怕恰恰是我们修身的一大利器。因为这个怕而迎难而上，正需要一个勇字。需要"自反而缩，虽千万人吾往矣"的大胸襟、大气魄。这是由外而内地提振家风，乃刚勇的齐家路线。

3. 修身和齐家，实际是没有先后的。所谓由外而内，由内而外，只是从不同角度谈同一件事情，只是从不同的方面提醒自己做一样的事情。在我欲高举道义的时候，实则也是对自己的高要求，而非要求别人。同样，在我自修的时候，我也正是在高举道义。所以，修身就是齐家。个人的气质变化了，也就是全家的气质在改变。否则，自己修养变好、气量变大、气质变好，都只是假象，都是学了一些知识、概念、名相之后，自己产生的虚幻的感觉，玄虚而不真实。

三、本书说明

赵大洲说："先生不喜著述，或应酬之作，皆令门人、儿子把笔，口占授之，能道其意所欲言而止。"意谓王心斋不喜欢著述，往往在应酬之际，吩咐门人、儿子执笔，他口述，子弟把一些重要的教训记下来，能把意思传达出来，就不继续说了。所以心斋的语录往往"约而达"（很简单，却能直达义理），"微而臧"（通过细小的事情说出很好的道理），"罕譬而喻"（打的比方少，但是能让人明白）。同时，我们也能从门弟子所记录的文字中，想象当年心斋师门讲学的那种语气、情境。

也因为这个原因，心斋的文字很不成体系，亡佚很多，所谓"十不能一二"。历代学者都在整理心斋的文字，仅明代就有《王心斋先生全集》《淮南王氏三贤全书》《心斋约言》《心斋要语》《心斋先生疏传合编》。这些集子内容上有交叉，编排上很不同，很难有一个可用于固定学习的本子。而我的目的，在于利用心斋之学，切实地对改变家风起到一定作用，所以我挑选了心斋的七世孙王士纬所编撰的《心斋学谱》中的《学述》部分，作为本书的主要内容。《学述》共十四章，从十四个角度介绍心斋之学。除刊落按语外，文字上一仍其旧，施以标点。三年前，笔者和一些学友在网络上共读《学述》，并且在各自家庭之中运用，受益颇多。我想，这部分内容对于读者齐家一定能有很大启发，选取的唯一标准是对我们形成良好的家风是否有益。整理心斋的家学对我来说，是一件幸福的事情。我原先是与家乡的三五好友一起践行心斋之学，后来因为便捷的网络，心斋的后人加入进来，各行各业的学友加入进来。大家一起遵行心斋先生的教诲，用自己当下的人生去呈现心斋的学问。

心斋先生在民间讲学时，许多人诽谤他。他说："以言谤我者，其谤浅；以身谤我者，其谤深矣。"意谓那些用言语诽谤我的人，他们的诽谤很轻，而诸位弟子，如果你们言行不合于道义，那就是用你们的现实生命诽谤我，这个诽谤就深了。泰州之学的真正载体，不是文章，不是思辨，而是活生生的、我们眼下的生命，心斋先生所谓"举手投足不敢忘"。世上许多的学问，用文字去书写文章，而我愿与我的读者一起，用我们每一个念头、每一个举动去写"文章"。时间不能倒退，我们的这篇"文章"写下来就是定稿。孔子所谓："今世行之，后世以为楷。"我们在这个时代做事情，后世的人把我们的言行作为楷模。

在此愿与诸位读者发个誓愿：我们一起向学，实实落落地学习，共同提振我们家庭的风气、时代的风气。

第一章　良知为自然天则

一、天理者，天然自有之理也，才欲安排如何，便是人欲。

｜ 今译 ｜

天理，是天然的自身就有的道理。才想着要做一些人为的安排，就是人的欲望的造作了。

｜ 实践要点 ｜

心斋先生说："凡涉人为，皆是作伪，故伪字从人从为。"我们做事情要不掺杂人为的计较安排，一旦掺杂人为，这里面就有虚伪的成份，就不纯粹是由天然自有之理所发。这便是"安排"。在公司里，我看到地上有个垃圾袋，我当下有个要捡起来的冲动。这个冲动足够强烈，我就捡起来了。这个行为便全是由天理所发。如果我当时迟疑了，不知道要不要捡，我要为大家保持环境整洁的这个爱人之心，和我的懒惰之心在较量。这时候，我感觉附近有同事，甚至领导，我就再没有迟疑，弯腰去捡了。这个再没有迟疑弯腰去捡的行为，就是由我们的"人欲"安排出来的行为，就不合于天然自有之理。这里有个问题，大部分人的生活是属于第二种情况的。遇到第二种情况，我们应该怎么处理？

1. 即便里面掺杂了私欲，我们还是要把垃圾袋捡起来。不因为里面掺杂了私欲，我们就把心中那点天理都泯灭掉。

2. 我们当下意识到这个行为有人为的安排，我们便知道这个行为是掺杂人欲的，我们即便做了这件好事也不为之高兴，而是感到修身的路任重道远，自己还要多加努力。

3. 我们应反思上次有类似情境时，我"安排"的意味是不是更为浓厚一些。如果是这样，这便是我的进步。这里有修身的快乐。

二、只心有所向便是欲，有所见便是妄。既无所向又无所见，便是"无极而太极"①。良知一点，分分明明，停停当当，不用安排思索，圣神所以经纶变化而位育参赞者②，皆本诸此也。

| 今译 |

只是心里有一点倾向就已经是欲望了，只要心里有一些成见就已经是迷妄了。

既没有倾向，又没有成见，就是"无极而太极"。就这么一个良知，它在世界上发挥作用时清清楚楚，稳稳当当，不用人为去安排、去思索。圣人之所以能够经纶宇宙的变化，能够使得天地各安其位、万物得以化育，都是本自这个良知。

｜ 简注 ｜

① 无极而太极：无极：无所向无所见；太极：无所向无所见之心。语出周濂溪先生《通书》："无极而太极。太极动而生阳，动极而静，静而生阴，静极复动。一动一静，互为其根。"

② 经纶变化而位育参赞：这句是心斋先生对《中庸》数章的化用。

经纶："唯天下至诚，为能经纶天下之大经，立天下之大本，知天下之化育。"

变化："其次致曲。曲能有诚。诚则形。形则著。著则明。明则动。动则变。变则化。唯天下至诚为能化。"

参赞化育："唯天下至诚为能尽其性。能尽其性，则能尽人之性。能尽人之性，则能尽物之性。能尽物之性，则可以赞天地之化育。可以赞天地之化育，则可以与天地参矣。"

｜ 实践要点 ｜

"只"，这个字是只是，只要。我们对自己的生活实践要非常精明地考察，不能得过且过。只要有一点人欲妄见，就抓住它。所谓"如猫捕鼠"，有猫要扑向鼠前那种敏锐专注的感觉；所谓"如鸡覆卵"，有鸡孵蛋的时候那种专注凝一。倘若我们没有了人欲和妄见，那么我们生命的主宰就是良知。应当如何便是如何，非常清楚稳当。这时候，我们便有君子坦荡荡之感。

"子绝四：毋意，毋必，毋固，毋我。"孔子杜绝四件事，意、必、固、我。意，就是心中有些微的一点意向，而必则是非得如此不可，这是"心有所向"到极致；固，就是心中有一些固有的成见，而我则是意见非常顽固以至于整个人表现得非常自我，这是"心有所见"到极致。而杜绝了意必固我，那么本心呈露出来了，人内在的力量呈露出来了，天地的精神通过人心发挥出来了。这个精神，用孟子的话，便是"扩而充之，足以保四海"。圣人"经纶变化"、"位育参赞"只是凭借这个良知而已。

> 三、良知之体与鸢飞鱼跃^①同一活泼泼地。当思则思，思通则已。如周公思兼三王，夜以继日，幸而得之，坐以待旦，何尝缠绕？^②要之自然天则，不着人力安排。

| 今译 |

良知呈现出来的模样和天地间鸢飞鱼跃的景象是一样的，都是活泼泼的。良

知在应当思索的时候就思索，思索明白了，这事情就过去了，不会再纠缠。比如周公，会想着夏商周三代君王会怎么做，只要自己的做法和禹、汤、文王、武王不相合，便夜以继日地思索，一旦想通了，那就坐等天亮，没有一点点缠绕。关键之处就是周公不是刻意去废寝忘食，而是完全本自自然天则，没有一点人为的安排。

┃ 简注 ┃

/

① 鸢飞鱼跃：鸢鸟在天上飞，鱼儿在深渊中腾跃。语出《诗经·大雅·旱麓》："鸢飞戾天，鱼跃于渊。"

② 语出《孟子》："周公思兼三王，以施四事，其有不合者，仰而思之，夜以继日，幸而得之，坐以待旦。"

┃ 实践要点 ┃

/

良知是自然天则，我们依照良知而生活，见父自然知孝，见兄自然知悌。这样做事非常直接，不假思索。可是我们生活中是不是有需要思索的时候呢？这个"思索"看起来不那么直接，而是有些曲折。这个"思"和"良知"是不是有矛盾呢？心斋先生告诉我们，思和良知并不矛盾。哪怕最深入的思，如周公"仰而思之，夜以继日"，也是由他的良知所发的。周公处理重大的事务时，背后是千万人的生活所系，所以不得不思兼三王，找一个最稳妥的处理方案。周公"思"的动力不是人欲，而是一颗仁心，是不掺杂任何私欲的良知。所以周公思索废寝忘食，但是我们一点也不觉得他把自己钻进牛角尖里，反而觉得他的生命如同鸢飞鱼跃一般宽广。周公的这个"思"是不假思索的，他不用去计较个人的得失荣辱，只是出于一颗仁爱心，废寝忘食去思。这个"思"就不是人为的"思"，而是本自自然天则、不着人力安排的"思"。

四、问庄敬持养功夫。

曰："道一而已矣。'中'也，'良知'也，'性'也，一也。识得此理，则现现成成，自自在在。即此不失，便是庄敬。即此常存，便是持养。①真不须防检②。不识此理，庄敬未免着意。才着意便是私心。"

| 今译 |

学生问心斋"庄敬持养"的功夫。

心斋先生说："道只是一个。'中''良知''性'这些概念都是在说道，都是一回事。体会到这一点，道就是现成的、自在的。把生命安顿在这个现成的道上，不失去这个状态，这就是庄敬了；常保存这个状态，这就是持养了。这么做功夫真实不需要提心吊胆地防范。体会不到这个道理，去庄敬，未免增添了人为的意思。才增添了人为的意思，就有私心搀和在里面了。"

① 庄敬持养：时时刻刻保持一个庄重有敬意的状态，以此蓄养心性。

② 不须防检：语出程明道先生《识仁篇》："学者须先识仁。仁者，浑然与物同体，义、礼、智、信皆仁也。识得此理，以诚敬存之而已，不须防检，不须穷索。若心懈，则有防；心苟不懈，何防之有？理有未得，故须穷索；存久自明，安待穷索？"

| 实践要点 |

心斋是从人的生命出发来体会道、来认识庄敬持养的。人所天然具有的"中""良知""性"都是道，能体之，则当下即道，不必在当下生命外，另寻一个道来。人应该就着自己的生命来庄敬、持养，而非以庄敬、持养来定义、来刻画生命。心斋先生这段话非常精微，对我们平时做功夫有很大的提示。许多时候，我们觉得自身德行不够，时常表现出一副小人的样子。我们就厌恶自己，不能接受自己。非常着急地要寻一个出路，赶紧改变自己。这时候，我们去做一些功夫，比如时时刻刻保持庄重有敬意的样子。比如遇到事情强忍着不动气。我们想想自己那副模样，实在是利欲熏心——这时，成为一个君子的急切的欲求，让自己进入一种自欺欺人的荒唐的状态。须知，我们一切修身的行为，若真能改变自己，绝对不是由欲望出发去修身，必定是由向善的秉性出发去修身的。我们做功夫，那是"我们"在努力，是个尚有很多缺陷、但是本性是

善的自己在努力。在我们意识到自己常有小人之心的时候，我们要接受自己。在我们"接受"了一个有缺陷的自己的同时，我们也"肯认"了一个好善恶恶、希望变得更好的自己的本心。发现这个本心，肯定这个内在的力量，相信它，让它主宰自己的生命。这样做功夫便不会有差错。一旦我们生出个怯懦的心，逃避尚有缺陷的自己，赶紧去做功夫，把一个有缺陷的自己掩盖起来。这是因药发病。

> 五、一友持功太严，先生觉之曰："是学为子累矣。"因指斫木者示之曰："彼却不曾用功，然亦何尝废事？"

┃ 今译 ┃

一位学友做功夫过于严苛。心斋先生启发他说："这学问成了您的牵绊了。"于是心斋先生指着旁边砍木头的人说："他倒没有做功夫，然而何尝荒废了做事呢？"

┃ 实践要点 ┃

1. "持功太严"的问题，在过去是非常普遍的问题。因为过去的人从小学习传统文化，知道要修身，对自己的要求常常过高。这往往是因为学生躐等而学，老师陵节而施。也就是脱离了自身的修为去要求自己。比如，一个十分邋遢粗鄙的，起居之处一片狼藉的人，他要求自己与人相处时，言语行动都温文尔雅。一旦自己出现粗鄙的言行，都自责不已。这么做功夫超过了自身的能力，是对自己刻意的安排。这么做，不但对修身帮助不大，而且还会产生焦虑，会有"心火"。古人因此生病的人不少。所以，修身需要有一个次第，循序渐进，不可急于见到效果。

2. 循序渐进，不可躐等而学，那么如何把握其中的分寸呢？这个分寸，是无法有一个外在的标准去限定的，只能靠我们内在的感受——得心应手的感受。老樵夫砍树，一斧头一斧头地砍下去，我们能看到他很善于运用腰身的扭力，他有一种游刃有余的自得。如果我们修身既不太松，又不太严，也会有这种游刃有余的感觉。《庄子》中庖丁解牛的故事，牛的骨肉之间的缝隙已经非常细微了，但是在庖丁看来，这个缝隙是绰绰有余的。我们初下手做功夫也是绰绰有余的，功夫做得很严密也一样是绰绰有余的。绰绰有余，便有一种和乐的感受，这种感受，是儒家功夫的特征。《大学》中，诚意慎独功夫非常严密，"十目所视，十手所指，其严乎"（仿佛无数人眼睛看着我，手指着我，何其严格），然而又形容诚意慎独功夫"富润屋，德润身，心广体胖，故君子必诚其意"（仿佛财富滋润房屋，德行滋润身体，心胸宽广，体态安闲，所以君子必做诚意的功夫）。亦可以见得，儒家的功夫，从初学到圣人，都是一个绰绰有余的状态。如果不是这个状态，那么功夫可能出了差错。

3. 功夫是人努力去做的，但是功夫又是自然本有的。冬天，万物藏养，这便是万物的功夫。樵夫砍柴时得心应手之感，这就是樵夫的功夫。孔子讲："素隐行怪，后世有述焉，吾弗为之矣。"（探索隐暗、做怪异之事的人，后世的人对他们有记述，而我不那么做。）我们修身时，与其去追求玄妙的境界，不如在家庭工作之中，把我们与生俱来的良知发挥出来。这看似很寻常，实则是下学上达、彻上彻下的功夫。

六、"戒慎恐惧"①，莫离却"不睹不闻"，不然便入于"有所戒慎、有所恐惧"②矣。故曰："人性上不可添一物。"③

| 今译 |

我们在做"戒慎恐惧"的功夫时，不要偏离"不睹不闻"。如果我们离开了不睹不闻，那么我们就成了"有所戒慎、有所恐惧"了。所以朱子说："在本性之上不可添加任何东西。"

| 简注 |

① 戒慎恐惧：出自《礼记·中庸》："是故君子戒慎乎其所不睹，恐惧乎其所不闻。莫见乎隐，莫显乎微，故君子慎其独也。"

② 有所恐惧：出自《礼记·大学》："所谓修身在正其心者，身有所忿懥，则

不得其正；有所恐惧，则不得其正；有所好乐，则不得其正；有所忧患，则不得其正。"

③ 人性上不可添一物：朱子《孟子序说》："人性上不可添一物，尧舜所以为万世法，亦是率性而已。"人做功夫只是发挥本有的天性，在本性上不可添加一物。

｜ 实践要点 ｜

心斋先提出戒慎恐惧和不睹不闻的关系。不睹不闻，这里指看不见、听不见的东西，也就是我们的良知。我们对这个良知要非常小心谨慎，时时刻刻把自己安顿在这个良知上，不偏离。这个"时时刻刻的小心谨慎"就是戒慎恐惧。

接着，心斋给我们指示出两种"恐惧"，一种是真正意义上的戒慎恐惧，即在自己身上用功，只看自己言行是否完全对得起自己的良心。对此保持一种小心翼翼的态度，像呵护一只刚出壳的雏鸟一般呵护自己的良心。另一种，则是在具体事情上严格地要求自己。举手投足，都留意其是否合于一些外在的标准。这就是《大学》所批评的"有所恐惧"。

戒慎恐惧，其动机是良知的自觉，是由内而发的。有所恐惧，其力量是由外而来的。由内而发，即是由自己内在的良知而发，所谓"不勉而中"，自然而然就合于中道。由外而来，则不全是由良知所发，难免有不正之处。所以《大学》说"有所恐惧，则不得其正"。

朱子说："人性上不可添一物，尧舜所以为万世法，亦是率性而已。"人的本性上不可以增加一点东西。尧舜之所以能够为万世所效法，也只是发挥人的本性而已。我们修身时，身心但凡有一点真实的变化，必然是内在的人性（良知）在发挥作用。如果我们靠外在的"有所恐惧"来改变自己，这个改变不会长久，还会有副作用。

> 七、颜子^①"有不善未尝不知"，常知故也。"知之未尝复行"，常行故也。^②

| 今译 |

颜子"有不善之处没有觉知不到的"，因为颜子总是保持在觉知的状态中。"觉知到不善之处就不会再行此不善"，因为颜子总是处在合于道的行动之中。

| 简注 |

① 颜子：即颜回（公元前 521 年—公元前 481 年），字子渊，春秋末期鲁国人。十四岁拜孔子为师。

② 语出《周易·系辞下》："子曰：'颜氏之子，其殆庶几乎？有不善未尝不知，知之未尝复行也。《易》曰："不远复，无祗悔，元吉。"'"

｜ 实践要点 ｜

1. 孔子说："回也其心三月不违仁，其余则日月至焉而已矣。"颜回可以做到，三个月，心都不违背仁。三个月，是一个季节。现在人，季节变换对生活的影响不大，而古代很大。三月不违仁，那就基本上把自己的人生安顿在仁上了。而孔门一般的弟子，只是偶尔能够做到仁。颜回和诸位弟子的差别在于功夫是否间断。功夫不间断，有时比功夫本身更为重要。

2. 我们对自身的觉知有这么一个特征：我越是发挥良知的自知自觉，我的良知越是敏感。很多人觉得自己知道自己的问题，只是没有在意自己的觉知，只是苟且地放自己过去。不过只要自己一下决心，就能够立刻改变。比如，想戒烟的人，决定自己再过两年，到五十岁就戒烟。他非常自信，觉得自己五十岁时肯定可以戒掉。而到五十岁，基本上是更加难以戒掉了。

人觉知的能力，就像一把刀，使刀锋时时暴露在空气中，又不去用它，时间一长刀就锈了。如果时时运用觉知，使自己始终处于觉知的状态中，那么良知就是活泼泼的，越用越敏锐。觉知能力，不去用它，它便会越来越迟钝。

所以，想戒烟的，现在抽烟时，心中不免有警觉，而到了五十岁，那个警觉就很弱了。另一方面，现在每每有警觉，便苟且、敷衍自己的觉知，到了五十岁，由觉知到行动的这个能力也弱了。

3. 常知常行，是很高的境界。孔门弟子尚且很少有人能达到。我们刚刚开始修身，不求常知常行，至少减少一些苟且，不把自己的良知给埋没了，使它生锈了。

八、有心于轻功名富贵者，其流弊至于无父无君；有心于重功名富贵者，其流弊至于弑父与君。

有意去轻视功名富贵的人，他们的流弊到极致就是目无尊长；有意去重视功名富贵的人，他们的流弊到极致就是杀父杀君。

我们做事情，只考虑合不合乎道义，是否对得起自己的良心，不去考虑名利。不管是看重名利，还是看轻名利，终究是在计较名利。地位高的人，他有可敬之处就应当尊敬，如果不值得尊敬，我们就努力使他能自尊自重。这是一个构建秩序的过程。在家中，父亲不能担当，母亲不够关心家庭，我们就通过自身的努力让他们做得更好。通过自修，使得君臣父子夫妇各安其位。能这样，不是因为看轻功名富贵，而是知道功名富贵关系重大，不能紊乱。此事任重道远，需要终身努力践行，不是"看轻"二字这么容易。

看重功名富贵，到极点就是为了功名富贵杀父杀君。这样的事情，看似不会发生在我身上，我绝不可能到为了钱财杀父的地步。其实我们离杀父并没有那么远。孟子说，杀人以梃、以刃、以政，没有根本差别（用棍子杀人、用刀子杀人、用政务杀人只是手段不同）。很多农村的老人，孤独、寂寞，孩子未尝不给生活费，然而老人抑郁而终。其原由，是为了种种名利而不把父母看得很重。凡事把名利放在前面，父母放在后面。还有一种自我欺骗：没有钱怎么赡养父母。这便是有心于重功名富贵而弑父了。

这段的关键是，我们对待功名富贵，由我们的自然天性出发就好了，该如何应对就如何应对，全由良知做主。而一旦有人为的安排，或是有心看重，或是有心看轻，都会有严重的后果。

第二章 百姓日用即道

一、圣人之道无异于百姓日用①，凡有异者，皆谓之异端②。

| 今译 |

圣人之道不会背离百姓的日用伦常，凡是和百姓的日用伦常背离的，都称作异端。

| 简注 |

① 百姓日用：出自《周易·系辞上》："一阴一阳之谓道。继之者善也，成之者性也。仁者见之谓之仁，知者见之谓之知。百姓日用而不知，故君子之道鲜矣。"

② 异端：《论语·为政》："子曰：'攻乎异端，斯害也已。'"

1. 儒家功夫讲究"下学上达"（学习的内容不艰深，但是修得的境界很高），功夫并不难入手。《中庸》："君子之道费而隐。夫妇之愚，可以与知焉，及其至也，虽圣人亦有所不知焉。夫妇之不肖，可以能行焉，及其至也，虽圣人亦有所不能焉。"君子之道是一条大路，大部分人都能行得通，这是"费"（宽广）。同时君子之道做到极致又非常精深隐微，这是"隐"。即便是愚昧的普通百姓，把君子之道告诉他，他也能懂，让他做，他也能做。但是要做到位，做到家，即便圣人也不能做得充分。

所以孔子感慨："天下国家可均也，爵禄可辞也，白刃可蹈也，中庸不可能也。"（《中庸》）天下国家的财富可以平均，爵位俸禄可以推辞，刀刃上可以走路，中庸也不能做到。

比如父母养育我们，倾尽心血，我们应当对父母多一点耐心，不能对父母不耐烦。就这一条，告诉别人，别人都能懂。让人对父母有耐心，他也能发自内心对父母多一点耐心。然而要他一直如此，把这个事情做到极致，这就太难了。修行很高的人，在亲人面前，也都可能有乱了方寸、缺乏耐心的时候。中庸，中正而又庸常。在最平庸的百姓日用中，最能体现中庸的精神。

2. 我们刚刚开始做功夫，从修身的角度看待身边的事情，常常能看到别人的问题。进而在家庭生活中，越发觉得家人言行上有各种问题。与此同时，我们和家人之间会产生隔膜，甚至，家人觉得我们怪异。如果出现这种情况，那是我们功夫出了差错。如果功夫没有差错，我们一定会让家人觉得更加舒服，而不是觉得怪异。常人和修行得好的人相处，无论是交谈还是共事，会觉得别人处处为自己考虑，会觉得如沐春风。

如果我们的修行越来越好，我们会越发看得到别人身上的善，也越发能够理解别人的过失。一个总是出口伤人的人，我们难道不为他生命的逼仄而感到同情吗? 难道不希望他活得更加幸福吗? 所以，修身越久，越觉得身边的人可爱，越是和身边人气息相通。整个家庭，都充满着幸福仁爱的气息。儒家修行追求万物一体，如果修着修着，感觉与世隔绝，只觉得世界十分污浊，一心想离群索居，这很有可能学了"假的儒学"，学成了异端。

> 二、百姓日用条理处，即是圣人之条理处。圣人知，便不失，百姓不知，便会失。

| 今译 |

百姓日常生活中的条理，也就是圣人的条理。圣人确知日常生活中的这些条理，便不会失去这些条理。百姓意识不到日常生活中的条理，便常常失去条理。

| 实践要点 |

1. 人不是平白无故从石头里蹦出来的，人一生下来就处在一个条理之中，甚

至人还没有出生，就已经在一个条理之中。人去世后，这个条理依然还在。母亲十月怀胎的时候，全家人小心翼翼地保护着母亲，不让她从事较重的体力劳动。全家人满怀期待，做着各种准备，迎接这个生命。所以，早在婴儿啼哭之前，人便已经处在一个人伦的条理之上，处在一个感情的网络之中。这个网络，是人无法选择的，是人生命最初的土壤、源流。儒家认为，这个条理，最重要的是亲子兄弟之间的情谊，所谓"孝悌慈"。心斋先生开启的泰州学派，十分重视"孝悌慈"。由孝悌慈展开的人生的条理，自天子以至于庶人，自圣贤以至于凡愚，都是一样的。

2. 百姓日用的条理，太寻常了，是故往往为人所忽视。人追求知识、能力、财富、地位，把这些事情看得重，而把百姓日用之中的条理看得轻。人不知不觉地，失去了与生俱来的条理。原本自己是父母的骨肉，却和父母变得生疏，气息不通，观念差别很大，难以交心通气。寻常百姓不重视这个日用条理，以至于生命失去了条理，而陷入名利的网罗之中。这就是"百姓不知，便会失"。

3. 百姓日用的条理，常常在我们日常生活中显现，但是对于很多人来说，它的显现频率并不高。还有很多人，从来都没有按照这个合于道的条理来生活。他有遗憾自己不孝顺的时候，但是几乎没有真正孝顺过。他应该遗憾，并且，他的人生只有在遗憾的时候是合乎"条理"的。这样的情况并不少见。所以真正把握住这个条理，很不容易。即便是最寻常的孝敬父母，都需要我们相当努力地去修行。百姓日用，寻常的家庭生活，这是最复杂的道德处境。我们觉得官场复杂，商场复杂，可是一个小家庭，三五个人，都可以写好几本长篇小说。

人伦日用在古人看来是最复杂的一件事。一个小家没几个人，其中多少期待、要求、嫉妒、欲望、控制、压抑。正因为是家人，所以所有的欲求都缺少自制，"家"也就成了一个最为复杂的道德处境。如果能把家里的事情解决好了，治理天下都不是难事。尧治理天下也是从"克明峻德，以亲九族"开始的。尧把九族治理好了，"九族既亲"，就可以"平章百姓"了。尧将两个女儿嫁给舜，也是在家庭日用中考察舜的德行能否成为君王。我们现在不觉得家庭的事是多么大不了的事，甚至抱怨家里"不必要的纠纷"耽误了自己的工作，所以闭着眼睛认为百姓日用没什么复杂的。很多人不解：我把一个大公司都治理得那么好，为什么家里管不好？这个再正常不过了，因为家庭是顶复杂的。我们忽视了很多问题，看轻了很多问题，掩盖了很多问题。而心斋先生把"百姓日用之条理"与"圣人之条理"等同起来，给我们指出了修身的关节点。

三、圣人经世只是家常事。

| 今译 |

圣人治理天下，只是在处理家常事。

| 实践要点 |

1. 家常事真正做好了，大到治理国家，小到管理一个企业，都不成问题。

《孝经》讲："孝悌之至，通于神明，光于四海，无所不通。"如果把对父母的"孝"，对兄弟姐妹的"悌"，做到极致，人便和天地精神相通，人性的光芒可以照耀天下，没有行不通的地方。

2. 家常事较之别的事情有其特殊性。家常事更加接近我们生命的根源。家常事，按照泰州学派的讲法，就是孝悌慈。譬如"慈"，一个父亲，为了给孩子一个好的人生，他会竭尽所能，学习、工作。"慈"是他做事情最为强大的动力。

人做事情的动力有很多，有一部分是个人欲望的满足，还有一部分就是家常事的推动，孝悌慈的推动。

再比如孝。很多家长、老师，为了鼓励孩子好好学习，就拿很多利益诱惑他，说，成绩好了，以后可以做官，可以住大房子，不被生活所迫。也许孩子原本对名利权势没有那么大的渴望，就这么说着说着，孩子便有了功利心了。这个功利心驱使他造成的学业上的成功，其副作用不言而喻。与此同时，还有一套说辞与这种功利诱惑相配套，即："孩子，你学习不是为了爸爸妈妈，是为了你自己。"

实际上，孩子天性喜欢自由，不喜欢舒服。现在的教育环境，很难让孩子喜欢。孩子学习的动力中，最为正当的不是个人私欲的满足，而是为了让父母安心。孩子不知道为什么一定要有好成绩，他知道，他没有好成绩的时候，爸妈会面临巨大的压力。孩子出于孝心而努力学习，远远比孩子为了自己学习，要顺畅得多。

气的顺畅很重要。孩子的赤子之心，原本和功利心不同。大人看来，为了以后升官发财学习很顺畅，而对孩子来说，为了升官发财学习，心里是不顺畅的，是违背自己心意的。而为了父子之情母子之情、为了家人的期待而学习，相对来说，孩子心里要顺畅得多。这就是气的顺畅。在家中，是孝悌慈的气，在学校也是孝悌慈的气，这个气息贯穿生命的终始。这就是："孝悌之至，通于神明，光于四海，无所不通。"这时候，处理家中事，和处理单位的事，乃至于处理国事，都是同样的气息。这样，人就是统一的，不会出现两面人，出现当面一套背后一套、长戚戚、患得患失的状态。

> 四、或问"中"。先生曰："此童仆之往来，'中'也。"曰："然则百姓日用即'中'乎？"曰："孔子云：'百姓日用而不知。'① 使非'中'，安得谓之道？特无先觉者觉之②，故不知耳。若'智者见之谓之智'，'仁者见之谓之仁'，有所见便是妄，妄则不得谓之'中'矣。"

今译

／

有人问心斋先生，什么是"中"。心斋先生说："眼前这位童仆来来往往侍奉大家，一切都自自然然的，就是'中'了。"那人继续问："按您这么说，那么百姓日用就算是'中'了？"心斋先生说："孔子说，道这个东西，'百姓日用而不知'。如果'百姓日用'不是'中'的话，那么孔子怎么能说它是道呢？百姓每天都在运用道，只是没有先知先觉的人启发他们，他们自己不能觉知到罢了。相反，'智者看到道，就认为道是智慧'，'仁者看到道，就认为道是仁爱'，这就是把道看为一样固定的东西，落入迷妄了。迷妄，就不能叫做'中'了。"

| 简注 |

／

①《周易·系辞上》："一阴一阳之谓道，继之者善也，成之者性也。仁者见之谓之仁，知者见之谓之知，百姓日用而不知，故君子之道鲜矣。"

②《孟子·万章上》："天之生此民也，使先知觉后知，使先觉觉后觉也。"

| 实践要点 |

／

中的意思是不偏不倚。这是儒学里很核心的观念。《中庸》说："中也者，天下之大本也。"不偏不倚这种德行，是天下的根本，其余则是枝叶。这个根本不牢靠，枝叶一定会枯竭。同时这个根本又和我们的本性相合。《中庸》说："诚者，不勉而中，不思而得。从容中道，圣人也。"只要我们为人真诚，由着自己的真心主宰自己，那么我们不用勉励自己，强迫自己，自然而然就是中道。我们不用苦思冥想，就能得到中道的状态。由着自己的真心，就能安顿在中道上，不花一点力气，这就是圣人。这种不费一点力气，与中道恰巧吻合的状态，就是从容中道。

童仆往来，非常从容，不假人力安排思索。这个状态，恰恰最合中道。心斋先生说，圣人是肯安心的凡人，凡人是不肯安心的圣人。说的正是这个道理。

| 今译 |

最寻常的百姓，能够理解、能够实践的，那就是"道"。鸢鸟在天空中翱翔，鱼儿在深渊中腾跃，天地是一片活泼泼的样子。如果我们和天地一样活泼泼的，那么我们也就知道"性"是什么了。

| 简注 |

① 愚夫愚妇与知能行：化用《礼记·中庸》："君子之道费而隐。夫妇之愚，可以与知焉，及其至也，虽圣人亦有所不知焉。夫妇之不肖，可以能行焉，及其至也，虽圣人亦有所不能焉。"

② 鸢飞鱼跃：引自《礼记·中庸》(《中庸》引自《诗经》)："《诗》云：'鸢飞戾天，鱼跃于渊。'言其上下察也。"

| 实践要点 |

初学者，做功夫容易变得刻板，过于严肃。原先，和乡里亲戚有说有笑，谈一些功利色彩很重的话，并没有觉得多么不好。现在，遇到这样的情况，心里便有抵触，便不能和原先那样，和大家谈笑风生。修身，绝对不是让人变得和周围人难相处的。

和爱谈金钱、权势的乡人相处，这里面有不好的一面，也有很好的一面。乡人对我的关心，这是可贵的。乡人聚在一起，整个人洋溢着一种活力，觉得生活很有滋味，这种生趣，也是很好的。我们要多体会这种乡情，这种生趣。这些东西，也许是在城市中生活的人所无福享有的。

这乡情，这生趣，让我陶醉。我整个人洋溢出一种幸福的气息。别人看到我的样子，他知道我是幸福的。这时候，乡人说一些庸俗的话题，我不掺和其中。别人最多觉得我迂腐，但是能感受到我内在透露出的幸福和喜悦。我和乡人气息是相通的。乡人不会觉得我难以相处。

天地本身就是活泼泼的。再俗气的地方，也不缺生意和活力。如果我们时时体认这个"活泼"，做功夫便有事半功倍之效。"道"也好，"性"也好，都是活泼泼的。

六、此学是愚夫愚妇能知能行，圣人之道，不过欲人皆知皆行，即是位天地、育万物①。

| 今译 |

我们讲的这个学问，是最凡愚的老百姓都能领会、都能做到的。圣人之道，

不过是希望人人都能领会这个学问、践行这个学问。这就是让天地各安其位，万物得以化育。

| 简注 |

/

① 位天地、育万物：出自《礼记·中庸》："致中和，天地位焉，万物育焉。"

| 实践要点 |

/

追求个人的幸福，和追求个人的德行，实为一件事情。一个真正有德性的人，富润屋，德润身，心广体胖，是真正幸福的人。

然而修身的目的不只是为了个人的幸福，当然也不只是为了个人德行的成长。

如果修身只是为了个人德性的增长，归根结底是出于"私"。由私心出发，不可能获得真正的德性。比如杀鸡这件事，孟子说，"择术"（选择我们做的事情）不可不慎，又有"君子远庖厨"的说法。杀鸡的时候，人需要承受一个生命在自己的刀下痛苦挣扎，所以需要压抑自己的恻隐之心。是故，从修身的角度，我们要避免这样的事情。这是一种"仁术"。逢年过节，家里杀鸡，对于做功夫的人来说，我们再怎么不忍心，也应该自己去杀鸡，而不是让父母杀鸡。既然知道杀鸡这样的事情违背人的恻隐之心，那我们就应该自己消化这个伤害。如果为了修身，拒绝杀鸡（家人只好自己杀鸡），这种行为，其自私的害处远远大于维护恻隐之心的好处。因而我们修身需要有个"共修"的意识，有时候，别人德行的进步，远比自己德行的进步，更使自己开心。不存在一个孤立的个体在修身，至少也是一家人一起修身。家人德行上出了什么问题，作为家人，我必有不可推脱的责任。

随着修身功夫的深入，人越来越体会到，修身不是自己一个人在修，而是一家人在修，一乡人在修，一国人乃至天下人在修。心斋先生的弟子说："先生每论世道，便谓自家有愧。"这里可以看出心斋先生的功夫。

发挥自己的良知，这是愚夫愚妇都可以做到的。贤人不分自己和家人、乡人，所以贤人发挥的是一家一乡人的良知。圣人必使家人乡人都能发挥自己的良知，才能安心。圣人与万物同体，把万物视作自己。圣人发挥自己的良知，就是在安顿万物。这也就是"天地位焉，万物育焉"。

这个时代，人往往没有修身的意识，并不觉得君子非做不可。机缘巧合，人有了一个要做君子的强烈的愿力，这是一个很大的突破。在这个时候，我们不再关注外在的得失荣辱，转而关心我们内在的德行。此时，我们难免还有一个私心——想着自己德性提高。再修身一段时间，渐渐发现，心中想的是身边人如何能好，这个世界如何能好。自己终日所作，都是为了他人考虑。就连自己对经典的学习都是为了让父母更好、让世界更好。这又是一个很大的突破。

到了这一层突破，人生的道路一下子会宽广很多。比如，在家庭中，当我所做的一切，我全部的人生努力，都是为了家人。我自己是一家人中最为勤劳刚健的，同时自己没有任何欲求。这样一种人生状态，最为快乐自在，最没有遗憾。

愚夫愚妇，是日用不知；贤者有百姓日用的那一面，也有对道的认识，日用且知；圣人则欲人皆知。虽然三种境界不同，而这个"知"都是一样的：也就是良知，就是孝悌慈。

七、往年有一友问心斋先生云："如何是'无思而无不通'①？"先生呼其仆，即应。命之取茶，即捧茶至。其友复问。先生曰："才此仆未尝先有期我呼他的心，我一呼之便应，这便是无思无不通。"是友曰："如此则满天下都是圣人了？"先生曰："却是日用而不知。有时懒困着了，或作诈不应，便不是此时的心。"

| 今译 |

往年有一位学友问心斋先生："怎样才算是'无思而无不通'呢？"

心斋先生没有直接回答这个问题，叫了一声仆人，仆人立即就应答了一声。心斋先生吩咐仆人上茶，仆人就捧着茶来了。

这位学友又问了一遍。心斋先生回答说："刚刚那个仆人在我叫他之前，没有一个期待我叫他的心（无思），而我一叫他就答应了（通），这就是无思无不通。"

这位学友说："照您这么说那么满天下都是圣人了？"

心斋先生说："确实满天下都是圣人。只是天下人每天运用着一颗和圣人相同的心，却没有意识到。有时候，他们懒散、疲乏了，或者装着没听到我叫他，此时他的心就不是当下的一颗随感随应、无思而无不通的心了。"

① 无思而无不通：出自周濂溪先生《通书》："《洪范》曰：'思曰睿，睿作圣。'无思，本也；思通，用也。几动于此，诚动于彼，无思而无不通，为圣人。不思，则不能通微；不睿，则不能无不通。是则无不通生于通微，通微生于思。故思者，圣功之本，而吉凶之几也。《易》曰：'君子见几而作，不俟终日。'又曰：'知几，其神乎！'"意为：没有思索，但没有一件事情不能通达，类似《中庸》所说的"不思而得，不勉而中"。

| 实践要点 |

／

人如果没有私欲掺杂，便是耳聪目明。这时候人的心非常寂静，同时又非常敏锐，所谓"惺惺寂寂"、所谓"寂然不动，感而遂通"、所谓"静而无静，动而无动"（心中宁静，但是不死沉，心中很敏锐，但又不为外物所扰动）。这是我们做功夫要追求的状态。而普通老百姓就常有这种状态，只是这个状态常常转瞬即逝。而做功夫就是要使自己常常处在这个状态。

人在这样一个状态时，无思无不通。因为无思，也就是没有任何人为的安排、造作，所以这时候人是直心而行的，只是在发挥自己的良知。孟子讲养浩然之气的办法，就是"以直养而无害"，直心而行就是在养气，只要直心而行，不去妨碍本心发用，那气量就会越来越壮大。气息越来越壮大，越来越有力，那么人就愈加不会为私欲所困扰，越容易直心而行。这样，就形成了一个生命上升的良性循环。

　　所以常常被私欲困扰缠绕没有关系。人总有真诚的时候，总有良心发现的时候，总有直心而行的时候。只要有一次直心而行，我们的气量就增加了一次。这周我一天有十分钟时间直心而行，那我就养了十分钟的气。而下周我有十五分钟时间直心而行，这便是进展。我们只要把握住我们日常生活中无思无不通的时刻，不去轻视它，好好存养它，也不急于求成，那么它就会由微至盛。如果修行到几乎每一个念头都是"无思无不通"，所谓"念念致良知"，那就接近圣人的境界了。

　　心斋先生所指点的功夫，可以从愚夫愚妇做到圣人，可谓彻上彻下。

第三章　学　乐

一、

人心本自乐，自将私欲缚。

私欲一萌时，良知还自觉。

一觉便消除，人心依旧乐。

乐是乐此学，学是学此乐。

不乐不是学，不学不是乐。

乐便然后学，学便然后乐。

乐是学，学是乐。

於乎^①！

天下之乐，何如此学！

天下之学，何如此乐！

（王心斋《乐学歌》）

人心原本的状态是快乐的，是人自己用私欲将自己捆绑住。

人的私欲一旦萌发，良知还能自我觉察。

良知一旦自觉，私欲便消除了，人心又回到了原本的快乐状态。

让我们快乐的，就是这个学问。我们应该学的，就是这个快乐。

如果不快乐，那么我们所学的就不是真正的学问。如果不学习，我们的快乐就不是真正的快乐。

人心回到快乐的状态，然后才去学习。人学习，然后才能回到快乐的状态。

乐就是学本身，学就是乐本身。

啊!

天下的快乐，有哪一种比得上这种学问啊!

天下的学问，有哪一种比得上这种快乐啊!

① 於乎: 即"呜呼"，句首的感叹词。

/

1. 宋代的大儒周濂溪让程子寻"孔颜乐处"（孔子和颜子的乐）。孔子"发愤忘食，乐以忘忧，不知老之将至"（生命刚健奋发，丝毫没有想到饮食，乐到忘记了忧愁，不知不觉一辈子就要过去了）；颜子："一箪食，一瓢饮，居陋巷，人不堪其忧，回也不改其乐。"（一点点粗茶淡饭，居住在简陋的巷子里，常人不能忍受这种忧愁，而颜回却从来没有改变他心底的快乐。）

孔子和颜子的快乐究竟是哪儿来的？现代社会，人所感受到的快乐，多是欲望的满足，而孔颜乐处，恰恰强调忘记了饮食、欲望。心斋也说，人恰恰因为欲望，才不乐（自将私欲缚）。孔颜之乐，这个乐，是超越人的感官欲望的。这个乐是与生俱来的。

古代，音乐的乐和快乐的乐是相通的。孟子说："乐则生矣，生则恶可已也，恶可已，则不知足之蹈之，手之舞之。"人一旦融入音乐，即一旦处于悦乐之中，他的气息就在生发。整个人处于生发的气息中，那么就停不下来。停不下来，就忍不住手舞足蹈（便有了舞蹈）。

婴儿在他奶水喝足、身上也没有不适的时候，他便有无穷的力气。他手舞足蹈，十分起劲。有时候，他不顺意了，就哭了。可是哭着哭着，甚至也会越哭越起劲。这个"起劲"里面，有一种"乐"。这种乐，不是人的一种情绪，而是生命的一种状态，一种生生不息的状态。

春天，草木萌动，虫子开始窸窸窣窣躁动起来，万物的生发状态便是一种乐。

不止如此。夏天，万物到了繁盛的时候，充分发挥自己的能量，这也是乐。秋天，万物收敛了。正如一个人，在青壮年的时候，活得非常刚健有为，而到了秋天，自己的子女成长起来，自己的事业交接给下一代，这种收敛状态，也就是乐。冬天，万物都藏起来了，花草都凋零，埋进土里。万物在白雪之下，一片宁静。如同人到了老年，生命圆满地走向尾声。充满无限可能的新的世代即将来临。如歌中所唱："最美不过夕阳红，温馨又从容。"这种状态，也就是乐。春生、夏长、秋收、冬藏，这是天地的乐。人的整个生命与天地之道相合，人的生命当展现出何种气息就展现出何种气息，这就是乐。这个乐，就是真实无妄的生命本身。所以，王阳明先生说："乐是心之本体。"乐是人心原本的样子，是最本真的状态。儒学，是学做人，就是学着让自己合于本体的状态，也就是学这个"乐"。

濂溪让程子寻孔颜乐处。后来，程子写了《识仁篇》，"仁者，与天地万物为一体"，"识仁"，就是识此万物一体、生生不息之乐。程子写了《定性书》，"动亦定，静亦定"，无论动静，都定于这个本体状态，也就是定在这个乐上。

2. 我们现代人所说的乐，更多是"快乐"，或者说"快"，欲望得到快足、满足。欲望的快足，恰恰是不乐的根源。很多人，用一生诠释了这句话。年轻的时候，尚有一些快乐，后来，为了满足各种欲望，陷入巨大的社会家庭机器中，完全为那些欲望"打工"，被动地生活，没有一点点自由。这便是被欲望束缚住的状态。这个状态，人是不会愉快的。

身边的朋友，许多人处于这样的状态。他们过得简直如同一架机器中的一根根机械臂，整天被齿轮驱使，甩来甩去。他自己也觉得抑郁难受，但是他不愿意挣脱出来。而且，他还总喜欢在别人面前表现出自己过得比别人都好。他的微信朋友圈里，全是美食、美景。心斋说"一觉便消除"。他总有个"一觉"。但是每每自己的良知觉得自己活得不对劲，活得不快乐，他便每每自己骗自己，把这个萌发的良知掩盖起来。

这个时代，我们常常如此。这是不够相信良知。这良知是我们自己的良知，不够相信良知，也就是不够自信。我们觉得自己摆脱了机器就没有用了。阳明说，我们的良知是造化的精灵，可以生天生地。我们却不信自己的良知有这么大的能耐，只敢老老实实荒废自己的一生，郁郁终身。

心斋先生说，"私欲一萌时，良知还自觉"，这个自觉，是良知的自觉。我们必须牢牢抓住它，用自己全副生命去信任它。唯有如此，我们才能"一觉便消除，人心依旧乐"。

3."不学不是乐"，这一点，对我们今天修身格外重要。一个人，一点私欲也没有，纯然至善，所谓"生而知之"，这样的人我没有见过。所以一般说来，不去学，我们是很难把自己安顿在这个本体之乐上。有时候，我们可以短暂地合乎道义，比如此时，读者看我这段文字，这种简单的情景，可能做到毫无私欲。而一旦进入复杂的道德环境，真是离不开学。（当然，这个学，只是学这个"乐"。）

比如穿鞋一事。在长者面前穿鞋，总觉得不够恭敬，怎么做都有一点点的不自然，也就是没有真"乐"。后来读《礼记》，知道要"乡长者而履"，也就是穿鞋的时候，一定要面向长者，不能把屁股对着长者。后来，我去长辈家里做客，离开的时候，到门口穿鞋，我都会把鞋头掉个个儿，转身对着别人穿鞋。这样，我心中的不自然就没有了。

我们学习儒家的五经，便能从方方面面调适我们的身心，乃至于家国天下。学五经，如果能得要领，那就是学着如何成为一个快乐的人。古人给我们留下了很多礼，我们善于体会礼背后的精神，便知道礼不是束缚我们的，相反，是让我们摆脱私欲的束缚、习气的束缚的。礼是还我们与生俱来的自由与快乐的宝物。

我们学礼，乃至于学一切儒家经典，就是在学"乐"，学着疏通自己的气息，使之与天地相通，进而不滞不留。这就是"学便然后乐"。如果学得对，那么学问越是精明，自己就越是快乐，身上便带有一种快乐的气息，身边的人也会越来越快乐。我们所说的乐是"真乐"，是"至乐"。这个"至乐"，虽然出自我们的本性，但是我们后天的私欲和习气遮蔽了这个本性。如果不学，我们或许一辈子都无法体会孔颜的快乐了。《学记》讲："虽有嘉肴，弗食，不知其旨也；虽有至道，弗学，不知其善也。"同样的，虽有至乐，不学，不知其乐。或者说，对这种乐体会得很粗浅寡淡，不知道它有多美妙。

二、

人心本无事，

有事心不乐。

有事行无事，①

多事亦不错。②

（王心斋《示学者》）

今译

人心原本没什么额外的事情。

心里有了事儿，就不快乐了。

如果心里有事的时候，我们能够如同无事时一样去应对。

事情就算很多，也挺好的。

简注

① 行无事：以无事之心（平静没有私欲的心，即良知、真心）去行事，不考虑任何得失荣辱。相对地，"行有事"，就是以一颗心里有事之心（有杂念的心）去行事。

② 亦不错：明代口语，表示"亦佳"，与现代汉语"也不错""也很好"类似。

实践要点

罗近溪是心斋先生的三传弟子。近溪先生有一次和弟子（曹胤儒）登山。近溪先生问弟子，此时的心如何？弟子回答说："平平的。"意思就是没有任何杂念，是无事之心。近溪先生又问他："忽不平平的，如何？"（如果你此时心里突然不平静了，有了杂念，你会怎么样呢？）这个问题很尖锐。弟子此时心里没有杂念，而近溪先生这么一问，弟子心里很可能就起了患得患失的念头了。而弟子的回答是："平平的。"他认为心里起了杂念也很正常，自己修身没有到家，肯定会时不时有个杂念。有杂念，良知就能觉察到，一觉便消除，也就没有杂念了。很多时候，修身的人，心里久久不宁静，不是因为起了杂念，而是因为受不了自己有杂念。可越是受不了自己有杂念，杂念就越多。因为这个"受不了"本身就是得失心，就是杂念。

所以，心里有杂念，先坦然接受这个真实的自己，并且以自己的良知去应对。如见到有钱人，有了贪财的杂念，不去纠结我怎么有这个可耻的念头，而是以天然的良知来应对：我心里起了一个贪财的杂念，这种状态，我自己的良知让我觉得不对劲、不自在。于是我依良知而行，便对劲了、自在了。这时候，私欲的化解如同洪炉点雪，一点就化。（私欲如同一片雪花，良知如同一只火很旺的炉子。）

> 三、天下之学，唯有圣人之学好学①，不费些子②气力③，有无边快乐。若费些子气力，便不是圣人之学，便不乐。

| 今译 |

天下的众多学问当中，只有圣人之学容易学，学的时候不费一丁点气力，却

有无边无际的快乐。如果费一点点气力，就不是圣人之学，就不快乐了。

| 简注 |

① 好学：好，第三声。好学是口语，就是容易学、不难学的意思。

② 些子：口语，一丁点的意思。

③ 气力：人为所使的劲儿，人刻意下的力气。

| 实践要点 |

1. 本章的第一个条目，讲乐和学是一回事。如果学的状态对了，一定是在乐之中的。但是我们一开始学习修身，不一定能一下子把握这个"乐"，可能需要一段时间摸索，让自己一点点找到"乐"的感觉。而找到了乐的感觉，这个学才是真正的学习。就像骑自行车，上车的时候，前几脚是摇摇晃晃的，但是骑两下，车平稳运行了，也就不会把注意力放在脚上了。平稳运行的状态，就类似乐和学一体的状态。

2. 所谓不费些子气力，指的是不硬着头皮学。不存在不知道为什么要学，感受不到学的东西的价值，还在继续学的情况。如果真的是乐学一体，那么就会"发愤忘食，乐以忘忧"，学到废寝忘食，觉得一点都不费力。这里的"气力"，指的是人硬生生给自己加的一股力，而不是从人的本心中自然生发的力量。后者是心体的力量，宇宙的力量，是本诸天而存诸人的。（这力量的根源在天道上，而保存、运用在人的身上。）

四、"不亦说乎?"①"说"是心之本体。

| 今译 |

（学习圣人之学，并且时时去实践，）"不是很愉悦吗?"这个"愉悦"，就是人心本真的样子。

| 简注 |

① 不亦说乎: 出自《论语·学而》："子曰:'学而时习之，不亦说乎? 有朋自远方来，不亦乐乎? 人不知而不愠，不亦君子乎?'"

| 实践要点 |

学儒学，是学着变化自己。而变化自己，首先要认清自己本来的面目。

人本来的面目，并非是什么都不做，躺在沙发里。人本来的面目不是纯粹去享乐的。广州有一位房东，他有近三十套房产，出租给租客。他让每个租客在不同的日期交租，这样，他每天都在工作，自己不觉得焦虑。人的生命是创造着的，人生命的本色是刚健的。人的本心是向往自己活得合于道义的。所以时时践行道义，学而时习之，这是人的本体。这个"愉悦"（"说"）的状态，也是人原本该有的状态。

学儒学，并不是要学出个新鲜的模样，只是学着回到自己的本性。这个学，并不曾在人性之上添加任何东西。恰恰相反，这个学，是去掉一切外加到人性之上的种种习气，使人不失赤子之心。

许多人说，儒学是束缚人的、压抑人的。实际上，儒学是还人以本来面貌的，使人回归天性的。

> 五、日用间毫厘不察，便入于功利而不自知。盖功利陷溺人心久矣。须见得自家一个真乐，直与天地万物为一体，然后能宰万物而主经纶，所谓"乐则天，天则神"[①]。

| 今译 |

日常生活中，一丁点的不留意，就陷进功利之中，自己还不知道。因为人心在功利世界浸泡太久了。必须体会到自身一个真正的乐，直接和天地万物融为一体。然后才能够宰正万物、经纶世界。这就是"乐则天，天则神"。

① 乐则天，天则神：出自《礼记·祭义》："君子曰：礼乐不可斯须去身。致乐以治心，则易直子谅之心，油然生矣。易直子谅之心生则乐，乐则安，安则久，久则天，天则神。天则不言而信，神则不怒而威。致乐以治心者也。致礼以治躬则庄敬。庄敬则严威。心中斯须不和不乐，而鄙诈之心入之矣；外貌斯须不庄不敬，而慢易之心入之矣。"

君子说：礼乐不能有片刻离开我们。（我们的一言一行都要展现出礼乐的精神。）

我们充分地学乐（一言一行合于乐的精神），以此来调治我们的心，那么，平易、直畅、慈爱、宽和的心便会油然而生。平易、直畅、慈爱、宽和的心生起来了，我们就会有发自内心的和乐。和乐了，我们的生命就得到安顿了。安顿了，便能恒久。能恒久，就能和天一致。与天一致，那么就如神明一般。和天一致，那么我们不用说话，便能使人信任。（天不用说话，春生、夏长、秋收、冬藏，四时不忒，一切不言而信。）和神一致，那么我们不用发怒，便会有威仪。（我们进入宗庙祠堂中，便被一种庄严的气息所笼罩，绝不会肆无忌惮，这就是神的不怒自威。）（天的信实，神的威仪，这是礼的核心。这段话是由乐自然引出礼。）以上就是我们充分地学乐来调治我们的心。

我们充分地学礼来调治我们自身，那么我们就会庄重而又有敬意。我们庄重而有敬意，那么我们就有了威仪。

如果我们心中有一点点不和乐，那么鄙陋狡诈的气息就会扰乱我们的心；如果我们外在有一丁点不庄敬的样子，轻慢随便的气息就会扰乱我们的心。

心斋先生的乐学功夫是"不费些子气力，有无边快乐"的，但前提是不给自己一点点蒙混过关的机会，没有一丁点的苟且。一定要不断体认这个真乐，并且绝对把握住这个乐。但凡有一点点不乐，就及时调整，止住当下不乐的身心。只要我们下定决心修这个真乐，我们对这个真乐的感受就会越来越敏锐和强烈。

否则，有毫厘不察，有斯须不和不乐，有一丁点得过且过，我们就会入于功利、鄙诈、慢易。

所以，乐学功夫必须有大的志向、大愿力，对良知要有百分之百的坚信。否则便不可能有不费气力的无边快乐。

六、学者不见真乐，则安能超脱而闻圣人之道？

| **今译** |

学习修身的人，如果看不到真乐，又怎么可能从凡俗生活中超拔出来，真正领受圣人之道呢？

| 实践要点 |

／

　　"学者不见真乐"的"不见"是"视而不见"的"不见"。人直心而行的时候，何其坦荡快乐! 人追逐名利的时候，何其迂曲揪心! 真乐，是人心本有的，亦如高悬的日月一般，显而易见。而人往往视而不见。正如父慈子孝，我们每天都能感受到，可是人却常常熟视无睹，以至于麻木不仁。

　　"道不远人"，道以何种方式不远人呢?"真乐"就是道不远人的方式。如果我们对真乐熟视无睹，那就自己把生命上升的通道堵住了，惜哉。

第四章　看书先得头脑

一、学者初得头脑，不可便讨闻见支撑，正须养微致盛，则天德王道在此矣。六经、四书所以印证者也。若功夫得力，然后看书，所谓"温故而知新"①也。不然，放下书本便没功夫做。

｜ 今译 ｜

学习修身的人，刚刚学出点门道来时，千万不能找一些从外在听到的、看到的道理来支撑自己。此时正应当把自己的那点真切的体会好好存养，由微弱养到盛大。那么天德、王道，都在我身上。六经和四书这些古代圣贤的经典都能印证我的修养。如果做功夫得心应手，然后再去看书，这就是孔子说的"温故而知新"。如果不是这样，那么放下书本就不知道怎么做了。

｜ 简注 ｜

① 出自《论语·为政》："子曰：'温故而知新，可以为师矣。'"

1. 温故而知新，"故"就是修身的一个基础。"故"就像一棵果树，"新"就是树上结出的果子。把什么东西作为"故"，把什么东西作为"母本"，决定着我们的人生往什么方向开出新生命。在这段话里，温故，就是在读经典的时候去重温我过去的修身实践。知新，就是启发自己接下来的实践。

阳明先生说，良知是我们天生的一个有灵性的根子（"天植灵根"）。我们人生的根基须放在良知上。阳明说，"良知生天生地"，我们的人生也须由良知生出。

如果我们把名利看成是自己人生的根基，看成是人生的"故"。我们把握着眼下的名利，不断学习、琢磨，希望能够更上一层。这是把名利作为根基之人的"温故而知新"。

如果我们把读书、理解经典看作是人生的根基，那么我们的温故知新，是学问、知识的长进。

2. 无论是名利的积累，还是知识经验的积累，都不足以成为生命的根基。否则，到头来只有一身的财富，或者一身的知识，仅此而已。为了这一身的财富和知识，忙忙碌碌终其一生，到头一场空。所以，忙碌一生，并不是在发展，而只是在原地打转。唯有以良知为根基，一辈子依照良知而行，顶天立地，这一路走下去，才是生命真正的成长。因为追求名利，迷恋知识，是被外在的事物所引导。此时，人就像是一架机器，被发动机带着运转。这样的一生都不是自己的本心所展开的一生，只是照着剧本所做的一场表演。而依照良知而行，不被任何名利所牵绊，这样的人生，纵横任我。这才是人生真实的开展。

所以修身首先要以良知为根基，为头脑。

3. "讨闻见支撑"，是因为不够相信良知。人觉得依照良知做事情还不够，需要别人点头，需要看起来合情合理。这些都是讨要一些闻见上的支撑。原本读书有心得，有发自内心的良知显露出来。这时却想：这就是朱熹说的什么道理，这就是王阳明说的什么道理。一旦这么想，我们就立刻从实打实的修身转移到理论探讨。我们这时候当做的不是找见闻的支撑，而是通过实践，继续发挥我那透露出来的一点良知。

例如，有人读书，读到"知行合一"，感觉到自己心中真有对父母的孝心，随即就给父母按摩。父母很高兴。这时候他想：这就是阳明说的"知行合一"，就是"见父自然知孝"。于是觉得自己修身上提高了很多。仿佛想到"知行合一"，想到"见父自然知孝"这些概念，远远比他给父母按摩时，心中的坦荡快乐更重要，更让自己踏实。这就是讨见闻支撑。一旦讨见闻支撑，很可能不继续发挥这点刚刚显露的良知了。良知不能越想越清晰，良知只会越做越清晰。依照良知去实践，这就是孟子所说的"养气""以直养"。这就是"由微至盛"。

二、孔子虽天生圣人，亦必学《诗》、学《礼》、学《易》，逐段研磨，乃得明彻之至。

孔子虽然是天资极高的圣人，也必定要学《诗》、学《礼》、学《易》，逐段地仔细研读体会，才能彻底地明白通达。

| **实践要点** |

上一个条目讲，读书要得头脑。读书的目的是转化自己的人生。

这一段讲，即便得了头脑，也不能轻视读书。读书需要逐字逐段地钻研体会，不能学个大概。普通民众学习国学，常常大而化之地学，学个大概，就觉得够用了。这种情况下，我们学到的往往不是真正的学问，而是一些不足以改变我们人生的心灵鸡汤。

三、"若能握其机，何必窥陈编?"①白沙②之意有在，学者须善观之。六经正好印证吾心。孔子之"时中"，全在韦编三绝③。

| 今译 |

"如果能够把握住生命的诀窍，何必去看古代的典籍呢?"陈白沙先生这首

诗的意思，学者要善于去体会。六经所讲的东西是超越时代的真理，正好可以拿过来跟我自己的本心相印证。孔子之所以能够做到"时中"，是因为他对《周易》的深入研读。

| 简注 |

① 陈白沙先生的一首诗，原句为："吾能握其机，何必窥陈编。"陈编，指过去的书籍。

② 白沙：即明代大儒陈献章，字公甫，号石斋，广东广州府新会县白沙里人，故又称白沙先生。

③ 时中，指言行皆合天道，无过不及，一切都恰到好处。韦编三绝，典出《史记·孔子世家》，指孔子读易经的时候，竹简翻得很频繁，多次把编书用的牛皮绳弄断。

| 实践要点 |

人同此心，心同此理。所以经典中所蕴含的圣贤的心，和我们的本心应该是一样的。看到小孩子掉进井里，谁的心里不会咯噔一下？我们要善于体会自己这个本心。如果我们能把握住自己的本心，那么我们去读六经的时候，就会感觉，经书里说的就是我的心声呀。

而实际上，我们的本心时而朗现，时而遮蔽。在我们的心被私欲遮蔽的时候，自己浑然不知。这时候，拿起经书，我们才发现自己有所偏离。于是，我们调节我们的身心。这就是"如琢如磨"。

《大学》引用《诗经》"如切如磋"，说这是"道学也"；引用"如琢如磨"，说这是"自修也"。我们像是一块玉石，需要和师友相切磋（道学），需要对照六经中的义理来打磨自己（自修）。如果我们没有切磋琢磨的功夫，人生难以有长进，容易孤陋寡闻、坐井观天。这就需要我们一方面形成一些学习修身的共同体，凝聚起纯粹的师友道场，另一方面把六经拿来逐段研磨，雕琢自己。

在这方面，孔子是我们的榜样。孔子研读古籍的时候，实际上是用自己的心和古代圣贤的心相印证。不断纯化自己的心、自己的一言一行，进而做到自己的言行与古代圣贤一致。

> 四、曾点童冠舞雩之乐①，正与孔子"无行不与二三子"②之意同，故喟然与之。只以三子所言为非，便是他狂处。譬之曾点有家当，不会出行。三子会出行，却无家当。孔子则又有家当，又会出行。

| 今译 |

孔子问弟子有什么志向。曾点说，他想在暮春时节，和五六个成年人、六七个童子，一起在沂水沐浴，在舞雩台上乘凉，歌咏而归。曾点的这个志向，和孔

子所说的"无行不与二三子"的意思是一样的，所以孔子感叹并赞同曾点。只不过，曾点认为他的三位师兄弟所说的志向（治理大国、教化小国、管理宗庙）都不对，这就是曾点狂傲的地方。打个比方，曾点是有本事的人（对道有体会），但是他不会把他的本事发挥出来。他的三位师兄弟是善于发挥自己才能的人，但是自身的本事不够（对道的体会不足）。孔子则既有本事，又能够把他的本事发挥出来。

| 简注 |

① 引自《论语·先进》：

子路、曾皙、冉有、公西华侍坐。子曰："以吾一日长乎尔，毋吾以也。居则曰：'不吾知也！'如或知尔，则何以哉？"

子路率尔而对曰："千乘之国，摄乎大国之间，加之以师旅，因之以饥馑，由也为之，比及三年，可使有勇，且知方也。"

夫子哂之。

"求，尔何如？"

对曰："方六七十，如五六十，求也为之，比及三年，可使足民。如其礼乐，以俟君子。"

"赤，尔何如？"

对曰："非曰能之，愿学焉。宗庙之事，如会同，端章甫，愿为小相焉。"

"点，尔何如？"

鼓瑟希，铿尔，舍瑟而作，对曰："异乎三子者之撰。"

子曰："何伤乎？亦各言其志也！"

曰："莫春者，春服既成，冠者五六人，童子六七人，浴乎沂，风乎舞雩，咏而归。"

夫子喟然叹曰："吾与点也！"

三子者出，曾皙后。曾皙曰："夫三子者之言何如？"

子曰："亦各言其志也已矣！"

曰："夫子何哂由也？"

曰："为国以礼，其言不让，是故哂之。"

"唯求则非邦也与？"

"安见方六七十如五六十而非邦也者？"

"唯赤则非邦也与？"

"宗庙会同，非诸侯而何？赤也为之小，孰能为之大？"

② 出自《论语·述而》："子曰：'二三子以我为隐乎？吾无隐乎尔。吾无行而不与二三子者，是丘也。'"孔子的一言一行都展现在二三弟子面前，这实际上是在教弟子。曾点的志向是与五六成人、六七童子一起同游同歌于山水之间，这也是把一种生命的态度呈现给童子，也就是教学。

| **实践要点** |

心斋先生说："出则为帝王师，处则为天下万世师。"出来行道就是帝王的老师，不出来行道，在民间讲学，那就做天下万世的老师。故而，对于心斋来说，

不管是在朝堂之上，还是处江湖之远，都是在行道。

传统上，对曾点之志的理解，是退隐山水之间的自得之乐。而心斋强调"童子"与"冠者"，凸显出这不止是退居山水之间的隐逸情况，更是在一起讲学。这样，传道一事就贯穿了出处进退，人生无一刻不在传道，所谓"无行不与二三子"。

而曾点的问题在于，缺乏其他师兄弟那种汲汲于拯救世道的心。孔孟皆有汲汲于用世的心，但同时自身又有经济天下的本事。曾点的师兄弟虽然不足以经济天下，但是他们那颗汲汲于用世的心十分可贵，这也正是曾点所缺乏的。

五、社稷民人固莫非学，但以政为学最难。吾人莫若且做学而后入政。

| 今译 |

处理国家事务，治理民众，这些固然都是学问。但是，通过从政来学习最为困难。我们不如先学习，而后从政。

| 实践要点 |

这段的背景是《论语·先进》的一段话："子路使子羔为费宰。子曰：'贼夫人之子。'子路曰：'有民人焉，有社稷焉，何必读书，然后为学？'子曰：'是故

恶夫佞者。'"

1. 孔子的弟子子路让师弟子羔做费地的长官。孔子批评子路，认为子路是害了子羔。子羔正是学习的时候，他还没有学好，怎么就让他从政呢？

子路说，在实际政务中历练，这是学习最好的方式，为什么要通过读书来学习呢？

子路这个话听起来是没有问题的。但是孔子却非常严厉地批评子路这句话，说自己之所以厌恶佞者，正是因为有你子路这样的人。

子路说的话没错，实践当然是最能体现学问的地方。但是以子羔目前处理政务的能力，以他目前的心性，子路把他放到费宰的位置上，他根本不可能支撑这个局面。这一点子路难道不明白吗？而子路非要给自己这种错误的行为找个合情合理的理由，这就是心斋先生常常批评的"讨闻见支撑"。很多事情，我们回到事务本身，就能知道对错，结果我们却找一些理论来自欺欺人。这就是奸佞之人。

2. 知行合一是明代儒学十分重要的话题。子路的说法，十分像知行合一的观念。真正的学问不一定是在书本上学的，在处理家国事务的时候，其中的出处进退，就是学问。

而子路知道子羔的程度，他说的这番学与政的道理，和子羔当下的学养差别很大。这实际上已经是理论（知行合一）和实践（子羔人生道路的选择）的分离了。

我们讲知行合一，我们讲读书要有头脑，绝对不能排斥对经典的学习，不能排斥对具体事务的学习。很多学习心学的爱好者，看到其他学友在逐字逐句研读经典，就十分鄙夷。他认为那些人读书没有头脑，只是学习一些知识，这不但没有好处，反而是人生的障碍——他们就是佛家所批评的"所知障"。实际上，这样一种理论（只要是在没有悟道之前，努力去读解章句，就有害无益），实际上也是一种知识意见。执着于这样一种意见，那可能是更深的一层所知障。

3. 从知行合一的理论上说。我知道自己能力不足，现在从政一定会出问题。真的知道这一点，我就绝对不会去冒然从政。知道自己不足，就不去冒然从政，这就是知行合一。另外，在社稷民人这些政务上做抉择是从政，在自己是否从政这件事情上做抉择，也是从政。我们读书也就是学习如何面对这些抉择。所以不去从政，子路的那套说辞也能讲得通。

六、良知固无不知，然亦有蔽处。如子贡欲去告朔之饩羊，而孔子曰："尔爱其羊，我爱其礼。"[①]齐王欲毁明堂，而孟子曰："王欲行王政，则勿毁之矣。"[②]若非圣贤救正，不几于毁先王之道乎？故正诸先觉、考诸古训、多识前言往行[③]而求以明之，此致良知之道也。观诸孔子曰"不学诗，无以言；不学礼，无以立"[④]"五十以学易，可以无大过"[⑤]则可见矣。然子贡"多学而识之"[⑥]，夫子又以为非者，何也？说者谓子贡不达其简易之本，而从事其末，是以支离外求而失之也。故孔子曰："吾道一以贯之。""一"者，良知之本也，简易之道也。"贯"者，良知之用也，体用一原也。使其以良知为之主本，而多识前言往行以为之蓄德，则何多识之病乎？

良知固然无所不知，但是也有被遮蔽的地方。

比如告朔之礼已经名存实亡了，子贡认为告朔礼所使用的饩羊也可以免了。孔子说："你爱惜的是那只羊，我爱惜的是告朔礼。"

再比如，战国时礼崩乐坏，周天子已经不再巡守，所以有人建议齐宣王把明堂拆掉。而孟子认为明堂是王者之堂，"如果齐宣王想要在国家行王政，就不应该毁掉明堂"。

如果不是孔孟救正当时人的偏差，那几乎要把先王传下来的道理给毁掉了。所以我们要找先知先觉的人来救正我们的错误，要考察古代圣贤的遗训，要多去借鉴过去的言行来让我们自己的生命变得更加明白。这就是推行我们人性中本有的良知的方法。

我们看孔子说："不学诗，我们就无法说话；不学礼，我们就不能在世上挺立。"又说："如果我能早几年、在五十岁的时候就学习《易》，我就不会出现大的过错了。"从这些话里，我们可以看出孔子对学习的看重。

然而，子贡认为"孔子是一个博学多识的人"，孔子又认为他的看法不对，这是为什么呢？解释的人说，那是因为子贡不能体会到简易的根本，而只是错误地在细枝末节上求索，在外在的事物上去求索。所以孔子才说："我的学问不是零零碎碎的，而是由一个根本贯穿起来的。"孔子"一以贯之"的"一"指的就是良知的本体，就是简易之道。而"贯"，则是良知的发用。本体和发用是一个东西的两个面向。如果子贡把良知作为自己的主宰和根本，进而广博地学习古代的言行，存畜自己的德行，那么多识又怎么会成为子贡的问题呢？

| 简注 |

① 出自《论语·八佾》："子贡欲去告朔之饩（xì）羊，子曰：'赐也，尔爱其羊，我爱其礼。'"告朔，古时天子每年冬季以明年朔政分赐诸侯，诸侯月初于祭庙受朔政。

② 出自《孟子·梁惠王》："齐宣王问曰：'人皆谓我毁明堂。毁诸？已乎？'孟子对曰：'夫明堂者，王者之堂也。王欲行王政，则勿毁之矣。'"明堂，为天子接见诸侯而设的建筑。

③ 出自《周易·大畜》："君子多识前言往行，以畜其德。"

④ 出自《论语·季氏》："陈亢问于伯鱼曰：'子亦有异闻乎？'对曰：'未也。尝独立，鲤趋而过庭。曰："学《诗》乎？"对曰："未也。""不学《诗》，无以言。"鲤退而学《诗》。他日，又独立，鲤趋而过庭。曰："学礼乎？"对曰："未也。""不学礼，无以立。"鲤退而学礼，闻斯二者。'陈亢退而喜曰：'问一得三。闻《诗》，闻礼，又闻君子之远其子也。'"

⑤ 出自《论语·述而》："子曰：'加我数年，五十以学易，可以无大过矣。'"

⑥ 出自《论语·卫灵公》："子曰：'赐也，女以予为多学而识之者与？'对曰：'然，非与？'曰：'非也！予一以贯之。'"

第五章　格"物有本末"之物

一、《大学》是经世完书，吃紧处只在"止于至善"①。格物②却正是止至善。

| 今译 |

《大学》是经理世界的一本完备的书，关键的地方就在"止于至善"。而格物正是要止于至善。

| 简注 |

① 出自《礼记·大学》："大学之道，在明明德，在亲民，在止于至善。"

② 格物是《大学》中十分重要的概念。也是本章的核心概念。

| 实践要点 |

心斋先生的"淮南格物说"十分有名。格物是宋明理学家讨论很多的概念。

我们现在学心斋先生的功夫，可以先不去关注其他学者是如何理解格物的。我们就按照心斋先生的阐释，去实践格物，看看心斋先生要通过"格物"指引我们怎么做。

这一段，是提纲挈领地讲《大学》十分重要，而学《大学》最重要的，就是要把自己的生命安顿在最好的地方（止于至善）。而"格物"，就是把我们的生命安顿在最好的地方的方法。

> 二、"格物"之物，即"物有本末"之物①。"其本乱而末治者否矣。其所厚者薄，而其所薄者厚，未之有也。"此格物也。故继之曰："此谓知本，此谓知之至也。"②

| 今译 |

"格物"的物就是"物有本末"的物。《大学》讲："根本乱了，末节能够治理好，这是不可能的。应当重视的东西（根本）却轻视它，应当轻视的东西（末节）却重视它，这么做是不行的。"这就是格物。所以《大学》接着说："这就叫做知本，这就叫做知之至。"

/

①《礼记·大学》："物有本末，事有终始。知所先后，则近道矣。"万事万物都有根本，有末节。格物就是要明白什么是根本。

②《礼记·大学》："自天子以至于庶人，壹是皆以修身为本。其本乱而末治者否矣。其所厚者薄，而其所薄者厚，未之有也。此谓知本，此谓知之至也。"

| 实践要点 |

/

心斋讲，知本就是"知本在吾身"。这就是格物。

我和同事吵架，我要知道，如果同事是个讲不通道理的人，我本不该和他白费口舌。如果同事是个通情达理的人，必是我的语气、我的发心有种种问题，使得我们产生口角。我们要体会到，我们在这世上通行，行得通也好，行不通也好，其根本在我自己身上。这个道理很简单，而真的体认到这一点，却很难。

我们只有在实践中不断体认这一点。当别人对我不敬重的时候，我要反思自己身上使别人不敬重之处。这是根本。别人固然可能有问题，但是那不是根本，那是末节。所以，当我面对这样的事情时，我一定先在自己身上考虑，这叫做知道本末，知道轻重，知道厚薄。

我知道凡事应当先反己，先在自己身上找原因，而一旦真的遇到事情了，我往往习惯先去责人。如果是这样，这还算不上真的"知本在吾身"。这个"知"不是客观上知道一种道理，而是主观上的一种生命体验，一种生命状态。当我面对任何事情，欲作出任何决断时，我始终是从我自身出发，这就是真的知得吾身为本。这就是"知本"，这就是"知之至"。

"格物"，也就是在实践中去体会我自己在宇宙中所处的位置，我的身心在家国天下中的位置。真的知道了这个"位置"，那就知道了何为恰到好处，何为"至善"。所谓"止于至善"正是把自己的生命安顿到这个"位置"上。而这个"位置"，即是：我们的身心是根本，家国天下是末节。

> 三、"自天子以至于庶人"至"此谓知之至也"一节①，乃是释"格物致知"之义。身与天下国家一物也，惟一物而有本末之谓。格，絜度也②。絜度于本末之间，而知"本乱而末治者否矣"，此格物也。格物，知本也。知本，知之至也。故曰"自天子以至于庶人，壹是皆以修身为本"也。

| 今译 |

《大学》中"自天子以至于庶人，壹是皆以修身为本。其本乱而末治者否矣。其所厚者薄，而其所薄者厚，未之有也。此谓知本，此谓知之至也"这段话是在解释"格物致知"的意思。

我们的身和天下国家是一个整体，是一个东西。只有是一个东西，才谈得上本末。

格物的格，意思就是权衡度量。在本末之间去权衡度量，就会知道"本乱而末治是不可能的"。这就是格物。格物，就是通过絜度去知道根本。而知道根本，就是知之至。所以说："从天子一直到普通百姓，都是把修身作为根本。"

| 简注 |

/

① 《礼记·大学》："自天子以至于庶人，壹是皆以修身为本。其本乱而末治者否矣。其所厚者薄，而其所薄者厚，未之有也。此谓知本，此谓知之至也。"

② 絜（xié）度：朱子在解释《大学》"是以君子有絜矩之道"时说："絜，度也。"絜的意思就是度，度量。

| 实践要点 |

/

格物的物，是身心家国天下一体的大物，也就是万物一体的宇宙全体。

天地万物关联在一起，彼此之间有千丝万缕的联系。而所有这些联系，最终都汇聚在我自己身上。因为我的生命是我自己"过"出来的。面对整个世界，我有怎样的出处进退，世界便会以怎样的方式展开。心斋曾经举舜的例子。舜的父亲十分糟糕，而舜只是尽一个儿子应尽之道，只是按照自己的良心去侍奉父亲。父亲被感化了，舜是这么侍奉父亲。父亲没有被感化，舜也是这么侍奉父亲。所以不管舜的父亲有没有被感化，舜的人生抉择是不会受到影响的。也就是说，舜的生命不会因父亲而变化。心斋所谓："舜是一样命。"（舜是一模一样的命运。）舜成为圣人，只是因为他个人践行道义。只要一个人真要去践行道义，没有人可以拦得住。所以孔子说："为仁由己，而由人乎哉？"（做一个仁人，完全取决于自己，而不取决于其他人。）

人通过自己的一言一行，通过自己活生生的人生，和这个世界发生关系，以自己的方式让这个世界一点点展开。这个世界对他来说，呈现出什么样子，完全取决于这个人自己（己身）。这就是身心家国天下为一体，而身为本，家国天下为末。

这个道理说起来很简单，也很抽象。而我们一旦进入凡俗生活中，几乎不可能把世界理顺，不可能把家国天下全部收归到我自己的身心上。所以我们需要通过格物的功夫，来找到万物一体的感觉。

比如，我是一个做事粗糙的人。我看到我的儿子做事情粗糙，我就能感觉到，儿子从我行事风格中学到很多东西，包括做事情的粗糙。我发现儿子的问题，在我身上是有根源的，这时候我就在做"絜度"的功夫。在本（我的粗糙）末（儿子的粗糙）之间，去体会问题的根源在我。这就是格物。

> 四、《大学》首言格物致知，说破学问大机栝，然后下手，功夫不差。诚意、正心、修身、齐家；治国、平天下，由此而措之耳。此孔门家法也。

/

《大学》一开篇就说格物致知，这说破了学问的最关键的地方。明白了格物致知，然后再下手做进一步的功夫，便不会出差错。而诚意、正心、修身、齐家、治国、平天下，都是在格物致知的基础上开始做。这是从孔子传下的家法。

| 实践要点 |

/

如果先不去絜度体验吾身为本，家国天下为末，就去做诚意的功夫，就很容易出现偏差。

例如，我和同事一起做一个项目，项目做到半途，出现了很严重的问题。这时候，我认为这个项目延宕是因为我的同事，所以我产生了指责我同事的念头。在我产生指责我同事的意念的时候，我再怎么真诚地指责，在心斋看来也是"诚"错"意"了。我们首先要知道，"本在吾身"。项目既然已经延宕了，我产生的意念应该是："我如何去力挽狂澜，如何与同事交流，让他可以更为用心地去做这个项目。"诚意就是要诚这样的意念。要实实在在把这样的意念转变为力挽狂澜的实践。

格物的物，不是随随便便一个物，而是万物一体的宇宙整体。同样的，诚意的意也不是随随便便一个意念，而是我处于当下的位置与身份，所应当有的、确凿无疑的、合于天道的"意"。这个意，既是人的意念，也是宇宙的生意在我身上的呈现。

人对自己有各种各样的把握，有各种各样的身份认同，而格物，就是把人在宇宙中的位置贞定住。人有各种各样的意念，而诚意，就是在格物的基础上，把人的意念贞定下来，使得人的每一个意念都由本心所发出，都由良知所发出。

意念贞定归一，止于至善。接下来，身、家、国、天下，也顺理成章地贞定在道义上，止于至善了。

五、"行有不得者，皆反求诸己"①，反己是格物底工夫。"其身正，而天下归之"②，正己而物正③。

| 今译 |

"所做的事情有不能通行的，都要返回己身来找原因"，返回己身，就是格物的功夫。"只有自身端正了，天下的人才会来归服"，端正自己，才能归正外物。

| 简注 |

① 出自《孟子·离娄》："爱人不亲，反其仁；治人不治，反其智；礼人不答，反其敬——行有不得者皆反求诸己，其身正而天下归之。《诗》云：'永言配命，自求多福。'"

② 同上。

③ 出自《孟子·尽心》："有事君人者，事是君则为容悦者也；有安社稷臣者，以安社稷为悦者也；有天民者，达可行于天下而后行之者也；有大人者，正己而物正者也。"

｜ 实践要点 ｜

/

心斋先生所说的格物，不是去研究外物的道理。而是已经知道一个理：天地万物都是一体的，这个万物一体之大物是我们的生命所系，是一切价值的根据，是一切意义的源头，是一切的根本。而这个大物有本有末，其根本是我们自身。这么一个理是《大学》告诉我们的。这个理不需要我们去研究，它不是我们格物的结果，而是我们格物的前提。我们需要的是在生命中不断去体会这个前提。这就是"絜度体验"。

在我们对别人友好、别人对我们不友好的时候，我们就去体验这个"前提"，去想想别人对我不友好，在我自己身上有什么问题。进而我解决这个问题，别人或许对我就友好了。这就是"絜度"。如果我们只去责人，而没有这个"返回自身找原因"的功夫，那么我们就看不到人生整全的画面。如果人生是一块拼图，那么我们的人生就欠缺了一块。我只看到别人的原因，看不到自己的原因，这就是欠缺了"自己的这一块"。

如果我们做了格物的功夫，"自己的这一块"会不断地补充完整。人生很快就会变得非常清晰。渐渐天地万物都会在我自己这里统摄起来。心斋先生所谓："天地万物依于己，而非己依于天地万物。"

如果没有"絜度"的这个功夫，即便我们从道理上知道"天地万物是一体的，而吾身为本"，我们实际的生命也依旧是支离破碎的，没有统贯起来。这种情况下，我们常会不知道怎么办。而真的做格物的功夫，我们的生命会完全归结到自己身上，所谓"一了百了"。

　　　六、问："反己是格物否？"曰："物格知至，知本也。诚意、正心、修身，立本也。本末一贯，是故爱人、治人、礼人也，格物也。不亲、不治、不答，是谓行有不得于心，然后反己也。格物然后知反己，反己是格物的功夫。反之如何？正己而已矣。反其仁、治、敬，正己也。其身正而天下归之，此正己而物正也。然后身安也。"

| 今译 |

　　有人问心斋先生："反己就是格物吗？"

　　心斋先生说："《大学》说的物格知至，就是知道人生的根本。诚意、正心、修身，是要树立人生的根本。人生的根本和末节是一体贯通的。所以仁爱他人、治理他人、礼让他人，也就是格物。如果我爱别人，别人对我不亲，或者我治理别人，别人不能被治理好，又或我对人有礼，而别人对我不搭理，这些就叫做我们的践行与己心未能相合。这个时候，我们就返回到自己身上找原因。我们做格物的功夫，然后知道要反己；反己正是格物的功夫。如何反己呢？只去让自己做到中正就好了。返回自身，看看自己是否充分做到爱别人、好好治理别人、敬重别人，这就是正己。如果我们做到了这些，那么我们的己身就正了，天下也都会归于正道。然后我们的己身，就得到了安顿。"

｜ 实践要点 ｜

本段讨论的问题基于《孟子·离娄》："爱人不亲，反其仁；治人不治，反其智；礼人不答，反其敬。行有不得者皆反求诸己，其身正而天下归之。《诗》云：'永言配命，自求多福。'"

1. 心斋先生说的"本末一贯"，又叫做"合内外之道"。我们从字面上看，这段语录的问题，"反己"是接近内在的，接近根本的；"格物"是接近外在的，接近末端的。

反己，进而正己，那么和"己"打交道的世界自然因此而正。格物，通过絜度体验，理解到在自己和外在世界打交道出现问题时，自己内在有其根源。反己和格物实则是一体两面的。

2. 我们在实践格物功夫的时候，首先要有一个信念——对性善的信念。要相信，人我原本是相通的。"爱人者人恒爱之"这个是绝对无疑的。这个信念要极其强烈牢固，以至于出现任何问题都不会怀疑这个信念本身。比如，我对一个兄弟极其好，而他却对我薄情寡义。这时候，我一点也不怀疑"爱人者人恒爱之"

这句话。我只去想，人不爱我，必有我不爱处。在我帮他做事情的时候，我心里是否有个"我这么对你好，你得领我的情，你得报答我"的心。有了这些心思，我们对他人的爱就不纯粹了。他人可以感受到这个不纯粹，感受到"别有用心"。很可能因为这个原因，我爱人了而人不爱我。所以孟子说"爱人不亲反其仁"，而不怀疑"爱人"本身有问题。

即便爱人出了问题，那也是因为我爱人的时候掺杂了私欲，因此出了问题。掺杂了私欲去爱人，有时候会变成逢迎别人，姑息别人，在这种情形下，别人亦不会回报我纯粹的爱。比如，我对我的侄子很好，常常给他买东西。我给他买东西，真的是出于对他的爱吗？还是，我给他买东西了，我就拉拢他了，讨好他父母了。即便有时候我觉得不该给他买的一些东西，我还是给他买了。这也就是"别有用心"。这也就是逢迎、姑息。这其实不是仁，而是私欲。

所以，我们爱人不亲的时候，我们就自反，返回到仁心上，把自己重新安顿在仁心上。

因为很多时候，我们的"别有用心"，自己是一时察觉不出来的。我们会错认私欲为仁心。所以我们必须有强烈的信念。在我们"行不通"的时候，在我对我侄子很好、而他却在背地里陷害我的时候，我知道，那一定是我过去的那个仁爱心出问题了。如果我没有极其强烈的对"爱人者人恒爱之"的信念（也就是对性善的信念），那么我们很容易一出现问题就甩手不干了——"有些人就是白眼狼，对这些人我就算掏心掏肺也没用的"。

儒家十分强调这个"信力"。比如，孔子说："能以礼让为国乎，何有？不能以礼让为国，如礼何？"意思是，能做到礼让，治理国家有什么难的？如果认为不能用礼让来治国，要礼还有什么用？孔子这么说，是让弟子相信"礼"完全可以治国。如果以礼治国的时候，发现出现了一些障碍，不要草率地觉得礼是无法治国的，而要自反，要反思自己在礼上是否有做得偏差的地方。这就是对根本原则的一种极大的信力。儒家说的自反，需要有一个对道德仁义的绝对的相信。

3. 传统文化爱好者，往往也是哲学爱好者，有时候会提出一些哲学问题。比如，我对一个人好，他是否一定会感受得到，是否"爱人者人恒爱之"只是一个假设？虽然这句话对我们的实践有意义，但是这句话本身是否不能成立？

我从两个角度谈这个问题：

其一，功夫有个顺序。一些对我们原本就很好的人，你去爱他，他更容易来爱我。即便我们爱父母的时候掺杂了很多私欲，但是这个爱也很容易得到回报。我们先去爱父母，那么父母更爱我，我和父母之间的隔阂慢慢消解。接下来，我们再爱亲朋好友。这里面有个次第。许多学友，爱父母尚且做不到，却要在陌生人身上去体验"爱人者人恒爱之"，这是不可能的。因为他的爱还没有充沛到会爱陌生人的程度。所以，有人问："一个大奸巨恶之人，我真心爱他，他会不会爱我呢？"这实在无法解答，因为目前尚没有到问这个问题的时候。

其二，爱人者人恒爱之，这是圣贤的一句"论断"。儒学中的很多"论断"，不是通过哲学思辨推导而来，而是通过身心实践体贴而来。我们修身做到什么程度，自然会有什么体会。对于"爱人者人恒爱之"、"人性本善"这些命题，我们不必以现有的生命体验和知识逻辑去穷索，也无法去穷索。我们且当作古代圣贤对我们做功夫的指引便可。

七、问"格"字之义。曰："格如格式之格，即'絜矩'①之谓。吾身是个矩，天下国家是个方。絜矩，则知方之不正由矩之不正也。是以只去正矩，却不在方上求。矩正则方正矣，方正则成格矣。故曰物格。吾身对上下左右②是物，絜矩是格也。'其本乱而末治者否矣'③，便见絜度格字之义。格物，知本也。"

有人问心斋格物的"格"怎么解释。

心斋说："格物的格字，就相当于格式的格，也就是《大学》里面说的'絜矩之道'。我们自身就像个直角尺，天下国家就相当于我们做出来的直角的方。我们用直角尺按照规范去做一个方，一看，这个方不正，我们就知道是自己的直角尺不正。所以我们只在直角尺上修正，而不在做出来的方上去修正。如果直角尺正了，做出来的方也就正了。方正了，那么做出来的东西就四四方方、合于标准了。所以说'外物合于格式了'。和上下左右打交道的我们己身，也就是物，絜矩也就是格。'根本乱了，而末端能够整治好，这是不可能的。'这里便能看出絜度就是格字的意思。格物，就是知道根本。"

① 出自《礼记·大学》："所恶于上，毋以使下；所恶于下，毋以事上；所恶于前，毋以先后；所恶于后，毋以从前；所恶于右，毋以交于左；所恶于左，毋以交于右。此之谓絜矩之道。"

② 上下左右，就上一条注释所引的《大学》文本而发。

③ 出自《礼记·大学》："其本乱而末治者否矣，其所厚者薄，而其所薄者厚，未之有也。此谓知本，此谓知之至也。"

| 实践要点 |

这里把格物的格解释成"方格子"的格。如果我厌恶手下人搬弄我的是非，我便不能搬弄领导的是非，这就是"所恶于下，毋以事上"。这就是把自己做得方正了，那么上上下下都能够"成格"，也就是"物格"了。这样一个阐释角度，突出了"上下通气"的一点。身心家国天下本该是一体的，上下应该是成格的、通气的。之所以不通气，首先是己身未能合于"格式"。

八、吾身犹矩，天下国家犹方。天下国家不方，还是吾身不方。

我自己的身犹如矩尺，天下国家犹如按照这个矩尺做出来的方形。天下国家不够方正，还是我们自身不够方正。

> 九、射有似乎君子，失诸正鹄，反求诸其身，不怨胜己者，正己而已矣①。君子之行有不得者，皆反求诸己②，亦惟正己而已矣。故曰："不怨天，不尤人。"③

| 今译 |

射礼有和君子之道相似之处。射箭射不中靶子，就返回自身来找原因，而不去怨恨战胜自己的人，只是端正自己而已。君子在这个世上有行不通的时候，都返回来在自己身上找原因，也只是正己而已。所以说："不抱怨上天，不怪罪别人。"

| 简注 |

① 出自《孟子·公孙丑》："仁者如射。射者正己而后发，发而不中，不怨胜己者，反求诸己而已矣。"《礼记·中庸》："射有似乎君子，失诸正鹄（gǔ），反求

诸其身。"

② 出自《孟子·离娄》："行有不得者，皆反求诸己，其身正而天下归之。"

③ 出自《论语·宪问》："子曰：'莫我知也夫！'子贡曰：'何为其莫知子也？'子曰：'不怨天，不尤人，下学而上达，知我者其天乎！'"

> 十、夫仁者爱人，信者信人，此"合内外之道"①也。于此观之，不爱人，己不仁可知矣；不信人，己不信可知矣。夫爱人者，人恒爱之；信人者，人恒信之，此感应之道也。于此观之，人不爱我，非特人之不仁，己之不仁可知矣；人不信我，非特人之不信，己之不信可知矣。

| 今译 |

有仁爱心的人会爱别人，讲诚信的人会信任别人，这就是"合内外之道"。从这个角度看，我不爱别人，我的不仁就可以看出来了；我不能信任别人，我自己的不信就可以看出来了。爱别人的人，别人总会爱他；信任别人的人，别人永远会对他守信。这是一种感应。从这个角度看，别人不爱我，不只是别人不仁，我自己的不仁也可以看出来；别人不信任我，不单单是别人不信，我自己的不信也可以看出来。

① 出自《礼记·中庸》："诚者非自成己而已也，所以成物也。成己，仁也；成物，知也。性之德也，合外内之道也，故时措之宜也。"

| 实践要点 |

所谓"感应之道"：天气阴冷，我自然有一种不想出去的心。这是一感一应。凭空突然一声惊雷，我便吓一跳。这是一感一应。天气非常好，我心情便多一些愉快。这是一感一应。感应往往是在人的思辨之前的、下意识的反应。

我对一个人笑面相迎，我给他传达的感受与我对他怒目而视一定是非常不同的。他给我的回应也必然是不同的。

我对一个人友好，那人也对我友好，这主要不是通过分析得来的（我对他友好，这对我会有利），而是通过友好的气息相感应。

在我对一个人友好地相感的时候，他可能下意识地对我不友好。那必然是我原先或者此刻有什么让他感到不友好的地方。或者我故作友好地与他相感，他能感受到我友好的笑容背后的"故意"，他对我的"应"，便可能不那么友好。我们之间的感应，便会显得窒碍、隔阂，而不能通畅。

格物就是反己。如同一棵大树，格物是把整个树的有机运转理顺，并且归结到树根上。这样，整个大树的气息就相通了。身心家国天下也是一个有机的生命整体，而己身是这个大物的根本。格度体验到身为本，那么整个天地的气息就贯通了，理顺了，"成格"了。

第六章　修中以立本

| 今译 |

《中庸》里的"中"字,《大学》里的"止"字, 原文本身就有明白的解释, 不需要额外做训诂注释。"喜怒哀乐之未发谓之中"和"中也者天下之大本也", 这两句就是明明白白地把"中"字解出来。"于止, 知其所止", "为人君, 止于仁; 为人臣, 止于敬; 为人子, 止于孝; 为人父, 止于慈; 与国人交, 止于信", 这两句话是明明白白地把"止"字解出来。

/

① 出自《礼记·中庸》："喜、怒、哀、乐之未发，谓之中。发而皆中节，谓
之和。中也者，天下之大本也。和也者，天下之达道也。致中和，天地位焉，万
物育焉。"

② 出自《礼记·大学》："《诗》云：'缗蛮黄鸟，止于丘隅。'子曰：'于止，
知其所止，可以人而不如鸟乎？'"

③ 出自《礼记·大学》："为人君，止于仁；为人臣，止于敬；为人子，止于
孝；为人父，止于慈；与国人交，止于信。"

| 实践要点 |

/

1. 心斋解"中"的时候强调中是人本来所具有的状态。人生而知孝知悌，
只要没有后天人欲的干扰，自然无过与不及。这是"不勉而中"（不用勉强就可
以达到的中），是"从容中道"。这个中是人与生俱来的，同时也是人最为宝贵的
东西。我们的一切功夫，都是保存这个中，使之作为人生的常态。所以心斋说：
"常是此中，则善念动自知，恶念动自知，善念自充，恶念自去。"谨慎地保持这
个中的状态，便是"立天下之大本。"

所以"喜怒哀乐之未发谓之中"，在心斋看来是强调这个中不是后天人为的
安排，而是先天的、绝对的、本真的状态。"中也者天下之大本也"，在心斋看来
是强调人的一切功夫都是依靠这个与生俱来的中，也就是良知。人生的一切都是

由这个"不勉而中"的中道所展开的。

2. 心斋解释"止"，一是强调这个止是人与生俱来的。心斋指出，《大学》讲，缗蛮黄鸟，一飞一停，恰到好处地停在小丘陵的一个角落上。它多飞一点点，少飞一点点都要摔下来。孔子说，在知道止这件事情上，人难道还比不上一只鸟吗?(子曰:"于止，知其所止，可以人而不如鸟乎?")这即是强调，人原本在宇宙中有一个安顿，人止于至善不是止于一个人为打造出来的地方，而是止于人人自有的本性上。

第二点则是强调，人如果止于自己的本性，那么人在实际的生命情境中，自然能恰到好处地做到仁、敬、孝、慈、信。

3. 心斋先生把"中"、"止于至善"这些深奥的哲学概念在人的本性中找出根源，这就意味着人人都可以依着自己的本性，成圣成贤。

二、程子曰:"一刻不存，非中也。一事不为，非中也。一物不该，非中也。"① 知此，可与究"执中"② 之学。

| 今译 |

宋儒程明道讲:"有一刻心中没有存有都不是中。有一件事做不到，都不是中。有一物不涵盖，都不是中。"知道这一点，就可以深究"执中"的学问。

① 《二程集》中，程明道先生说："一物不该，非中也；一事不为，非中也；一息不存，非中也。何哉？为其偏而已。故曰'道也者，不可须臾离也，可离非道也'。修此道者，'戒慎乎其所不睹，恐惧乎其所不闻'而已。由是而不息焉，则'上天之载，无声无臭'，可以训致焉。"

② 出自《尚书·大禹谟》："人心惟危，道心惟微，惟精惟一，允执厥中。"

| 实践要点 |

心斋所说的"中"，不是人为安排出的一个"适中"。一件事情，这么做太过了，那么做又不够，那就折中一下吧。这个"折中"也不是心斋所说的"中"。

心斋所说的"中"是人生而本有的状态。人原本就处于这个状态之中。有时候，人因为私欲遮蔽了本心，人生出现了偏差，便会偏离这个状态。而人一旦偏离了这个状态，良知会有一种自觉，会觉得不对劲。而人一旦觉得不对劲，便随即调整到原来本有的"中"的状态。这个"中"的状态，因是人性本有，所以往往不费一点力气。这个"中"，合于良知，合于本性，合于天理。

所以，真的把握住这个"中"，便可以做到时时刻刻都存有此"中"。如果不能时时刻刻都存有此"中"，那说明我们执中还是要费力的，费力气就不是本然状态，就不是真的"中"。这个"中"是可以包罗万事万物的。如果有"中"应对不来的事情，那说明这个"中"也还不是人本真状态的"中"，而是一种"适中"、

"折中"等等。

三、惟皇上帝，降衷于民^①，本无不同。鸢飞鱼跃^②，此中也。譬之江、淮、河、汉，此水也；万紫千红，此春也。保合此中，无思也，无为也，^③无意必，无固我，^④无将迎，无内外也^⑤。何邪思，何妄念？惟百姓日用而不知^⑥，故曰："君子存之，庶民去之。"^⑦学也者，学以修此中也。戒慎恐惧，未尝致纤毫之力，乃为修之之道。故曰，合着本体是功夫，做得功夫是本体^⑧。先知"中"的本体，然后好用"修"的功夫。

| 今译 |

　　至高的上天把中道植入民众心中。人人秉承中道，原本没有什么不同。鸢鸟在天上高飞，鱼儿潜入深渊，这就是中道。譬如长江、淮河、黄河、汉水，这些都是水；万紫千红，这些都是春意。人只要呵护好这个中道，不需要人为的思索，不需要人为的造作，不需要意、必、固、我，不需要牵挂过往、逆测未来，也不需要守内执外。只是以中道应对，哪还会有什么邪思和妄念呢？

　　老百姓在日常生活中运用中道，但自己却不知晓。所以孟子说："君子保持住了这个中道，普通老百姓偏离了这个中道。"我们学习就是要学着修这个中道。我们十分谨慎地把握它，完全不添加人为的力量，这乃是修行这个中道的方法。所以说，能够和本体相合的，才是真功夫；能够实际做功夫的，才是真本体。

我们先知道"中"这个本体，然后才便于去做"修"这个功夫。

| 简注 |

① 出自《尚书·汤诰》："惟皇上帝，降衷于下民，若有恒性，克绥厥猷惟后。"

②《诗经·大雅·旱麓》："鸢飞戾天，鱼跃于渊。岂弟君子，遐不作人。"

③《周易·系辞上》："《易》无思也，无为也，寂然不动，感而遂通天下之故。"

④《论语·子罕》："子绝四：毋意，毋必，毋固，毋我。"

⑤ 出自程明道先生《定性书》："所谓定者，动亦定，静亦定，无将迎，无内外。"

⑥《周易·系辞上》："仁者见之谓之仁，知者见之谓之知，百姓日用而不知，故君子之道鲜矣。"

⑦《孟子·离娄》："人之所以异于禽兽者几希；庶民去之，君子存之。舜明于庶物，察于人伦，由仁义行，非行仁义也。"

⑧ 王阳明："合着本体的是工夫，做得工夫的方识本体。"（《传习录拾遗》）

| 实践要点 |

心斋先生强调功夫与本体的合一。功夫与本体的合一，这是比较学术的表达。用通俗的说法，即是：我做功夫是本性的要求，我本来的样子就要求我以做功夫的方式生活。我并非是在我的本性之外，通过一套技术，重新给自己安身立命。

譬如，人人都希望家庭和睦，那我就努力去促成家庭的和睦。我们做功夫时，只有功夫在我们的内在心性上找到其源泉，功夫才能有比较好的效果。这是"合着本体是功夫"。

另一方面，我们对本性都有很多看法。比如，我们认为追求孝悌是人的本性。如果我们不实实在在去行孝悌之道，那么我们永远没有办法真正理解自己的这个本性。这就是"做得功夫是本体"。否则，我们对本体的理解只是通过概念产生的虚幻的认识，而没有真实的"体验"。

心斋先生讲的"执中之学"，"执"是功夫，"中"是本体。此段，"中"是本体，"修"是功夫。而本体与功夫皆是合一的。

因本体和功夫合一，所以心斋的功夫论体现出一种"不费气力"的、"乐"的特征。

四、子谓子敬曰："近日工夫如何？"

对曰："善念动则充之，妄念动则去之。"

问："善念不动，恶念不动，又如何？"

不能对。

曰："此却是中，却是性。戒慎恐惧① 此而已矣。是谓‘顾諟天之明命’②，‘立则见其参于前，在舆则见其倚于衡。’③常是此中，则善念动自知，妄念动自知，善念自充，妄念自去，如此慎独，便可知立大本。知立大本，然后内不失己，外不失人，更无渗漏。使人人皆知如此用功，便是致中和，便是位天地、育万物事业。④”

今译

心斋先生询问弟子王子敬：“最近功夫做得如何呀？”

王子敬回答说：“有善念发动，我就扩充它，有恶念发动，我就去除它。”

心斋先生问：“那善念也没有发动、恶念也没有发动的时候如何用功呢？”

王子敬不知如何作答。

心斋先生说：“你现在不知如何作答的样子，这恰恰就是中，就是本性。戒慎恐惧的功夫就是戒慎恐惧你现在这个状态而已。这就是‘念念不离上天给我们的这个明明白白的天命’。这就是‘站着的时候，就仿佛看到忠信笃敬这几个字显现在面前。坐车，就好像看到这几个字刻在车前的横木上’。常常是这样一个中道，那么有善念发动的时候自己也知道，有妄念发动的时候，自己也知道。这时候有善念自然会扩充，有恶念自然会去除。这么做慎独的功夫，就能知道什么是树立人生的大本。知道了树立人生的大本，而后对内不违背自己，对外不错失别人，没有一点遗漏之处。假如人人都知道这么做功夫，那就是致中和，就是让天地定位、让万物化育的事业。"

①《礼记·中庸》:"君子戒慎乎其所不睹,恐惧乎其所不闻,莫见乎隐,莫显乎微,故君子慎其独也。"

②《尚书·太甲上》:"先王顾諟(shì)天之明命,以承上下神祇。"

③《论语·卫灵公》:"子张问行。子曰:'言忠信,行笃敬,虽蛮貊之邦,行矣。言不忠信,行不笃敬,虽州里,行乎哉?立则见其参于前也,在舆则见其倚于衡也,夫然后行。'子张书诸绅。"

④《礼记·中庸》:"喜怒哀乐之未发,谓之中;发而皆中节,谓之和。中也者,天下之大本也;和也者,天下之达道也。致中和,天地位焉,万物育焉。"

| 实践要点 |

初学者做功夫常常无从下手。只要找到一个下手点,功夫就容易学了。本段,"中"便是这样一个下手点。

心斋先生先问王子敬功夫如何,王子敬回答心斋。这个回答,固然是在谈功夫,但是语言终究是语言,和实际的生命经验还是隔着一层。

而当王子敬遇到问题、不能回答的时候,当下的那个"不能对"的反应,才是从真实的心地上发出来的。我们做功夫要把握的"中"，正是此刻的生命经验。

"中"是任何语言都难以切中肯綮的，而当下不能对的生命经验，则正中"中"的核心。这样一种指点功夫的方式，称作"当下指点"，"即尔此时便是"（你现在这个状态，就是了）。

我们学儒学的目的在于改变我们的实际人生，而我们学儒学的过程也不会偏离我们最实在的、最鲜活的人生。传道，也是传递这种实际的生命体验。这是心斋功夫的一大特色。

五、戒慎恐惧①，诚意也。然心之本体，原着不得纤毫意思，才着意思，便"有所恐惧"②，便是"助长"，如何谓之正心？是诚意功夫犹未妥帖，必须扫荡清宁，无意、无必③、不忘、不助④，是他真体存存，才是正心。然则正心固不在诚意内，亦不在诚意外。

若要诚意，却先须知得个本在吾身，然后不做差了。又不是致知了便是诚意。须物格知至，而后好去诚意。则诚意固不在致知内，亦不在致知外。《大学》言，平天下在治其国，治国在齐其家，齐家在修其身，修身在正其心。而正心不在诚其意，诚意不在致其知，可见致知、诚意、正心各有功夫，不可不察也。

戒慎恐惧的功夫，就是诚意的功夫。然而心的本体，原本就掺杂不了一点点人为的作意，才掺杂了一点人为的作意，那就是"有所恐惧"，就是"助长"，而不是发自本心，这怎么能叫做正心呢？所以，诚意的功夫还不算稳妥，必须把人为的意思扫荡干净，做到不臆测，不固执，不忘失，不助长。这时候我们的心就是明明白白呈现出的一颗真心，这才是正心。这样，正心功夫固然不能被诚意功夫涵盖，但是也不能脱离诚意功夫。

如果要诚意，却要先体会到天地万物的根本在我身上，然后才不会做偏差了。又不是做到致知了，就做到了诚意。必须先格度体验到身为天下国家之本，然后才好去做诚意的功夫。那么诚意固然不在致知之中，也不在致知之外。

《大学》讲治国时说"所谓平天下'在'治其国者"，讲齐家时说"此谓治国'在'齐其家"，讲修身的时候说"所谓齐其家'在'修其身者"，讲正心时说"所谓修身'在'正其心者"，都有个"在"字。而讲诚意的时候没有说正心在诚其意，只说"所谓诚其意者"，讲致知的时候没有说诚意在致知，只说"致知在格物"。可以看出，致知（包括格物致知）、诚意、正心（包括正心、修身、齐家、治国、平天下）各有其功夫（一共三类功夫），不可不仔细考究。

①《礼记·中庸》："是故君子戒慎乎其所不睹，恐惧乎其所不闻。"

②《礼记·大学》："所谓修身在正其心者，身有所忿懥则不得其正，有所恐惧则不得其正，有所好乐则不得其正，有所忧患则不得其正。心不在焉，视而不见，听而不闻，食而不知其味。此谓修身在正其心。"

③《论语·子罕》："子绝四：毋意，毋必，毋固，毋我。"

④《孟子·公孙丑》："必有事焉而勿正，心勿忘，勿助长也。"

| 实践要点 |

/

1. 心斋的后人辑录这段文字，将其放在"修中以立本"的条目下，意在突显"中"，而非介绍心斋通过《大学》提出的一套功夫体系（亦即"淮南格物说"）。而这一段对于心斋的功夫来说，极为重要。所以我将先就"中"做一些阐发，而后就心斋的淮南格物的功夫体系做一点阐发。

2. 在心斋的功夫体系中，戒慎恐惧、执中、诚意，是从不同的角度描述同一个功夫。这也是初学者就可以实践的功夫。

别人从后面叫我一声，我回头应答。这个应答，就在我听到别人叫我的时候，就在那电光火石般的一刹那发出。这个时候，任何私欲都来不及渗透进我心中。我们如果体会这一刻的感受，就能感受到真心直接应对世事的坦荡感、快乐感、刚猛感。我们如果应对世事的时候，能处于这种感觉，那就是诚意了。

这种坦荡感、快乐感、刚猛感，在我们应事的当下，往往是不易体察的，甚至是完全被忽略的。比如我工作得非常带劲的时候，我当下是意识不到我的"带劲"的。我当下完全沉浸在工作的内容之中。工作完了之后，我伸了个懒腰，感觉好畅快！这时候，我才注意到我一整个过程中的畅快。

换句话说，在我直心而行的时候，我非常顺畅，只对所做的事情全情投入，而对我做事情的状态（直心而行）毫无察觉。而在我不直心而行的时候，在我有很多私欲扰乱自己的时候，我却能感受到不顺畅，不对劲。

一旦我们有不对劲的感觉时，我们就暂时从眼下具体的事情上跳出来，把自己调节到有坦荡感、快乐感、刚猛感的状态中，也就是调节到直心而行的状态中。这就是诚意的功夫，执中的功夫。戒慎恐惧，也是对这样一种直心而行的状态的敏锐的感知与把握。

我们起初做诚意的功夫时，因我们对自己不对劲的感觉不够敏感，所以我们觉得自己不对劲的时候并不多。渐渐的，我们觉得自己不对劲的时候多起来了，这恰恰是功夫在长进，对自我的感知愈发精明。再往后，由于我们整体身心状态的变化，我们不对劲的感受又变少了，这是因为我们的良知主宰我们生命的时候越来越多了。

如果我们的人生全然由良知主宰，这就叫做良知不间断。诚意功夫是在我们良知经常间断的时候做的。

做诚意的功夫时，我感受到不对劲了，这时候我心中突然有意识地把自己从当下不对劲的状态中拔出。这个有意识地拔出，即是一种助长。这是一种人为的"安排"，是有意安排的"功夫"。做诚意功夫的时候，我心中是有个做功夫的意识的。如同孔子对子张说的："立则见其参于前也，在舆则见其倚于衡也。"不管是行走坐卧，我心中都存想着那个"坦荡感、快乐感、刚猛感"。这就是明道所说的"识得此体（仁体，也就是良知），以诚敬存之而已"。所以，严格说来，诚意功夫，心中是有所存的，是有"助长"的。

另一个方面，我知道自己的良知常常间断，所以我的良知必让我勉力用功。所以这个"助长"虽是人为的安排，却也是良知要求我们做的人为的安排。故而，这个助长根子上也是由良知发出的。与"揠苗助长"不同，这个"助长"是有益的，而且是必须的。

3. 在心斋的淮南格物体系中，格物致知是一套功夫，是格度体验到我们在天地中真实的位置，格知身为本，家国天下为末。我们把自己的人生安立在这上面（立本安身），那么我们基本就是直心而行了。格物致知就是让我们体验一下直心而行究竟是何种状态。

诚意，就是实实落落地去直心而行。一旦偏离本心，人就感觉到不对劲，那就随即回到直心而行的状态中。

正心则是在我们每一个念头皆由良知所发时做的功夫。这个时候，基本上发而中节，心身家国天下一齐贯通了。

心斋先生通过《大学》文本的分析，大致把《大学》功夫分成这三个部分。我们现在要做的功夫，主要是格物致知与诚意。等到诚意功夫做到基本上"念念所发，纯是道义"的时候，我们便可深入去实践正心功夫了。

第七章　修身以立本

一、"大人者，正己而物正者也。"① 故立吾身以为天下国家之本②，则位育有不袭时位者。

｜ 今译 ｜

"所谓的'大人'，就是通过使自己合于正道、继而让别人自然而然归于正道的人。"所以把我们自己确立为天下国家的根本，那么就可以让天地各安其位、万物生生不息，这并不取决于我们处于什么时机、拥有什么位置。

｜ 简注 ｜

① 出自《孟子·尽心》："孟子曰：'有事君人者，事是君则为容悦者也；有安社稷臣者，以安社稷为悦者也；有天民者，达可行于天下而后行之者也；有大人者，正己而物正者也。'"

② 化用《孟子·离娄》："人有恒言，皆曰'天下国家'。天下之本在国，国之

本在家，家之本在身。"

| **实践要点** |

/

子曰："在上位，不凌下；在下位，不援上。正己而不求于人，则无怨。上不怨天，下不尤人。"（《礼记·中庸》）在上位的人，不去苛责在下位的人；在下位的人，不去攀援在上位的人。无论对待领导还是下属，都只要求自己，不去期待他人，这样就不会对别人有抱怨。上不怨天，下不尤人。这是孔子对"正己"的阐释。

如果我是一个领导，一个项目做得失败。此时，我可以认为这个项目失败，是因为一个员工的重大过失。于是我便责备这个员工（这是"正物"上用功）。我同样可以认为，是我自己安排人事出了问题，才让此人承担如此重要的工作；接着，我在察觉到这个员工有出事的倾向时没有及时做防范；另外，我在此员工犯错之后，没有做好危机处理（这是"正己"上用功）。

这两种视角并不矛盾，这里不是论哪一种视角正确，而是在说我们的心力应当用在何处。如果我们整天都把心力用在前者上，那么我们一辈子都在"凌下"和"援上"中度过。我们做任何事情都没有把握，都完全依赖他人的表现，亦即完全依靠运气（侥幸）。

而我们如果把心力放在后者上，那么我的得失，原因都在我；我家庭的得失，原因都在我。我每一次成败，原因都很明确。在这个过程中，我不断成长。我的格局会越来越大，我的"身"会从个体扩展到家国天下。家国天下的责任都由我来承当。

人的心力是有限的，要么用力于此，要么用力于彼，全在于每一个念头。如果我们能立一个大志愿，把自己作为天下国家的根本，凡事只去正己，不去责人，那么随着我们修为的增长，我们的天地会不断地改变、不断地扩大。故而，立一个"只去正己，不去责人"的志十分关键。一旦立下这个志向，我今后的一切事情，我统统承当。成也好，失败也好，唯在我。

这一点，武王是个表率。孟子引用《尚书》中讲武王一段话："有罪无罪，惟我在，天下曷敢有越厥志？"（天下人有罪也好，没罪也好，只要有我在，天下哪个敢违背上天的意志？）孟子评价说："一人衡行于天下，武王耻之。此武王之勇也。而武王亦一怒而安天下之民。"（只要有一个人在天下横行霸道，武王往往都会觉得自己很羞耻。这就是武王的"勇"。而也正是他因这种"勇"而发的义怒推翻了商纣的暴政，安顿好了天下的百姓。）武王便是把天下国家的根本放在了自己身上。这便是"立吾身以为天下国家之本"。我们现在能做的功夫，首先是把自己视作一家之本。

二、知得身是天下国家之本，则天地万物依于己，不以己依于天地万物。

| 今译 |

知道了吾身是天下国家的根本，那么天地万物就依赖我了，而不是我自己依

附于天地万物。

／

1. 天地万物依于己，何以可能呢？天地万物独立于我而存在，完全可以不搭理我，怎么能说天地万物都依靠我呢？

万物独立于我而存在。别人给我一个承诺，那个承诺也可能无法兑现，因为我不知道别人可能遇到怎样的困难。如果别人给我承诺了，我就完全认为一定会实现，一旦实现不了，我就手足无措，气急败坏，这是十分不明智的。正是因为深刻地意识到他人各有其处境和难处，我们不应抱着一个"他人必须如何如何"的心（同时我们须对他人有个客观的了解，知道他做这件事情"大致可以如何如何"，"最好可能怎样"，"最坏可能怎样"），我们才能够对自己的人生更有把握。我自己的人生，由我自己把握。对于他人的帮助，对于外在的机缘，我们十分乐见并感激，但是不能有依赖。外在的金钱的帮助，权力的帮助，我们通通不去攀附，以免失去对自己人生的把握。

如果这样做了，我所面对的世界，便以我为核心。我自己就是天下国家的枢纽。天地万物能否成就，全在我自己，不在他人。

所以，一个人真正把自己看作天地万物的根本，他一定极为宽和。别人一定更好和他相处，孔子所谓"易事而难说（通"悦"）"（讨好取悦他难，而和他共事却很容易）。

2. 把吾身作为天下国家的根本，会不会很累呢？

恰恰是把吾身作为天下国家的根本，才不会对我无法把握的事情有过分的执着，才能把人生都安顿在我可以把握的范围内。这是极为轻松快乐的。在把整个世界都安顿在我可以把握的范围内之后，我就依着我的良知来把握这个世界。不凌下，不援上，不怨天，不尤人。由此我们的人生，亦即我们所面对的世界，可以"不费蛮力"地达到最大程度的圆满。

> 三、学也者，学为人师也。学不足以为人师，皆苟道也。故必修身为本，然后师道立而善人多矣①。如身在一家，必修身立本，以为一家之法，是为一家之师矣。身在一国，必修身立本，以为一国之法，是为一国之师矣。身在天下，必修身立本，以为天下之法，是为天下之师矣。

| 今译 |

所谓的学，就是要学着成为别人的老师。学不到足以为人师的程度，都是打了折扣的为学之道。所以一定要把修身作为根本。然后师道就能树立，善人就会增多。

譬如我们身处一个家庭之中，一定要修身立本，使得自己成为一家人的楷模，这就是一家人的老师。我们身处一个国家之中，一定要修身立本，使得自己

王艮像

王艮墓

楚黃耿定力

金陵焦竑原校

曾揚元冊　輯

八世姪孫以鋌震九謹識

語錄上

大學言平天下在治其國治國在齊其家齊家在修其身修身
在正其心而正心不言在誠其意誠意不言在致其知見致
知誠意正心各有功夫不可不察也

中庸中字大學止字本文自有明解不消訓釋喜怒哀樂之未
發謂之中中也者天下之大本也是分明解出中字來於止知

余杜門却掃七年于兹誦習之餘終日無事一
日與藝士子裕校心齋文乃廢卷喟然而歎子
裕曰先生何爲其歎也余曰蓋歎其流歟爾然
則心齋之說果有歟乎曰否心齋之說亦易簡
矣易簡果有歟世有庸大夫緣其
易簡之說以飾其陋者則其歟不可復捄矣子
裕曰願聞其說曰心齋之爲人也抱雄傑偉遇
非常之資而其立志直欲造聖人之域而止矣

王心斋先生全集刻本书影

王艮纪念馆（一）东淘精舍

王艮纪念馆（二）祖堂

王艮纪念馆(三)内景

王艮纪念馆(四)内景

人心本自乐，自将私欲缚。私欲一萌时，良知还自觉。一觉便消除，人心依旧乐。乐是乐此学，学是学此乐。不乐不是学，不学不是乐。乐便然后学，学便然后乐。乐是学，学是乐。呜呼！天下之乐，何如此学？天下之学，何如此乐？

录王心斋乐学歌

于右任

于右任书王心斋乐学歌

成为一国人的楷模，这就是一国人的老师。我们身处天下之中，一定要修身立本，使得自己成为天下人的楷模，这就是天下人的老师。

| 简注 |

/

① 出自周濂溪先生《通书》："师道立则善人多，善人多则朝廷正而天下治矣。"

| 实践要点 |

/

1. 苟道，即苟且之道。如果真要修身，最为忌讳的就是苟道。孟子讲过一个例子，有人每天都偷邻居家的鸡。有人告诉他，这么做不对。于是他决定每个月偷一只鸡，等过一年再彻底改正（"月攘一鸡，以待来年然后已"）。孟子说，如果知道不合于道义，那就尽速改正，怎么还要等到来年呢？（"如知其非义，斯速已矣，何待来年？"）

我们修身的时候，常常选择自己愿意接受的事情去改动，自己不愿意接受的事情就放一放，打个折扣，折中一下。这样修身，不会真正变化自己的气质。

2. 修身，绝不是以利己为目的。修身最终追求的是世界能够更好，人类能够更幸福。而为了这个目的，首先要让自己修为更好，人生更圆满。这么看来，我们学习就是要学着如何感染别人，让别人也能幸福圆满。这是"善与人同"的学问。我们追求的只是善，不论这个善是我的善，还是他的善。有时候，别人变好了，我们真是比自己变好了还要高兴，打心底里高兴。这样学习，路子不会偏。

有些学友修身，事事只想着自己德行变好，家人犯了错误，只是姑息过去，而不汲汲于让家人和自己一同好，这样修身是比较自私的。还有人，为了个人的修身，抛家弃子去出家，丝毫不考虑到家人今后将面临更为艰困的处境。这样的情况，追求德行也成了一种私欲了。

明确师道，在学习的一开始就有个希望身边人都能好的心，就会防止自己不断地苟且。不断地把修身变成"怎么舒服怎么来"的一种业余爱好，最终只是耗费光阴而已。

3.《礼记·表记》说："仁者，天下之表也；义者，天下之制也。"我们教导别人怎么做好，这个影响力很小。而当一个仁者，他的一言一行都出自仁爱心，这样一个人出现在众人面前，众人便情不自禁视之为表率。同样的，一个一言一行合于道义的人，他的所作所为，就是最有分量的"制度"。

所谓立本安身，立吾身为本，就是要有一个大的愿力，力求我们的一言一行都成为别人的表率，成为别人效法的标准。也就是孔子所说的："今世行之，后世以为楷"。所谓"学为人师"，就是要学成这样。

> 四、徐子直问曰："何哉，夫子之所谓尊身也？"
>
> 曰："身与道原是一件，至尊者此道，至尊者此身。尊身不尊道，不谓之尊身，尊道不尊身，不谓之尊道。须道尊身尊，才是至善。故曰，天下有道，以道殉身；

天下无道，以身殉道。必不以道殉乎人^①。有王者作，必来取法^②，学焉而后臣之，然后不劳而王^③。如或不可则去。仕、止、久、速^④，精义入神^⑤，见机而作，避世、避地、避言、避色^⑥，如神龙变化，莫之能测。若以道从人，'妾妇之道'也^⑦。己不能尊信，又岂能使人尊信哉！"

今译

心斋的弟子徐子直问老师："老师呀，您说的尊身是什么意思呢？"

心斋说："我们自身和道原本是一件东西。最尊贵的就是这个道，最尊贵的就是这个身。如果尊身偏离了尊道，那就称不上是尊身。如果尊道偏离了尊身，那就称不上是尊道。必须是道也尊贵，身也尊贵，才是至善。所以说，在天下有道的时候，道就随着吾身的一言一行得以呈现；在天下失道的时候，吾身就随道而去。一定不让道屈从于人的意愿。这样，有王者兴起，一定到我这里来取法，跟我请教之后，再招纳我做臣子，然后他不用费力就可以行王道了。如果我做臣子之后，发现不能行道，那我就离开。可以做官就做官，可以不做就不做，可以做得长就做得长，可以做得短就做得短。研究事物的精义，达到神妙的境地，根据时机而动，恰当地躲避俗世、躲避某些地方、躲避某些言论、躲避某些脸色，犹如神龙变化一般，不能用固定的标准去测度。如果让道屈从于人，这就是

'妾妇之道'了。自己都不能尊信己身，又怎么能让别人尊信你，并且尊信由你的身所呈现出的道呢？"

简注

①《孟子·尽心》："孟子曰：'天下有道，以道殉身；天下无道，以身殉道。未闻以道殉乎人者也。'"

②《孟子·滕文公》："设为庠序学校以教之；庠者养也，校者教也，序者射也；夏曰校，殷曰序，周曰庠，学则三代共之：皆所以明人伦也。人伦明于上，小民亲于下。有王者起，必来取法，是为王者师也。"

③《孟子·公孙丑》："故将大有为之君，必有所不召之臣；欲有谋焉，则就之。其尊德乐道不如是，不足与有为也。故汤之于伊尹，学焉而后臣之，故不劳而王；桓公之于管仲，学焉而后臣之，故不劳而霸。"

④《孟子·公孙丑》："可以仕则仕，可以止则止，可以久则久，可以速则速，孔子也。"

⑤《周易·系辞》："尺蠖（huò）之屈，以求信也；龙蛇之蛰，以存身也；精义入神，以致用也；利用安身，以崇德也。"

⑥《论语·宪问》："子曰：'贤者辟世，其次辟地，其次辟色，其次辟言。'"

⑦《孟子·滕文公》："以顺为正者，妾妇之道也。"

1. 孔子说："君子不重则不威，学则不固。"如果我们不看重自己，对自己轻视，那么要变化气质几乎是不可能的。人一旦看重自己，很多事情都会慢慢变化。

以前和朋友相处，朋友在我面前说一些低级的玩笑，我满不在意。而一旦看重自己，在别人再说同样的话时，自己便不舒服。这个不舒服的感觉总会不知不觉在我的语言和神色中体现出来。以后，别人在我面前说话的时候便有所忌惮。人一旦看重自己，便不会过得很低级，不会堕落。《论语》说："君子恶居下流。"我们须常常以此自警。

2. 子曰："君子不失足于人，不失色于人，不失口于人，是故君子貌足畏也，色足惮也，言足信也。"（孔子说："君子在别人面前的步履不失态，神色不失态，言语不失态，这样，君子的容貌足以使人敬畏，神色足以使人忌惮，言语足以使人尊信。"）所以尊身，并不是"好名之心"，并不是执着别人对自己的看法，而是令别人敬重自己，从而有感化别人的余地。这是"树立师道"。

3. 如果我们真的尊信道义，把道义看得比一切都重要，那么我们念念所期，必然纯是道义。但凡是道义，我们就去伸张，勇于伸张，而不过度计较个人的得失荣辱。而道的载体是什么呢？道的载体不是文字，不是我们的思辨，而是我们最真实的生命，是古往今来一切奉行道义者活生生的生命。道就是通过我们的一言一行、一举一动、出处进退来呈现的。所以我们的身很尊贵，所谓"至尊者身"。

《孟子·滕文公》讲过一个故事。阳货想要见孔子。因为孔子在当世是了不起的人物，所以阳货应当去拜见、去求教孔子，而不应该召见孔子，否则就是失礼。但是阳货又不愿意亲自去一趟孔子家，于是他想了一个办法：专门挑孔子不在家的时候派手下人去送礼。依照当时的礼仪，孔子是士，他发现大夫阳货给他送礼，他不在家，就应该亲自去阳货家接受赠予。孔子知道阳货实际是想要召见自己，于是孔子也专门挑了阳货不在家的时候，去阳货府上接受赠予。这样既守了礼，又维护了师道尊严。这就是因为孔子的身是道的载体，身与道便尊，怎可以呼之即来？

第八章　大人造命

一、孔子之不遇于春秋之君，亦命也。而周流天下，明道以淑斯人，不谓命也^①。若天民^②则听命矣。故曰："大人造命"。

｜ 今译 ｜

孔子在春秋时代没有遇到可以行王道的君主，这也是命运使然。然而孔子周游列国，阐明道义，教化弟子，却并非是由命运决定的。而上天所生的一般民众，他们只是听天由命而已。所以说："大人造命。"

｜ 简注 ｜

①《孟子·尽心》："仁之于父子也，义之于君臣也，礼之于宾主也，知之于贤者也，圣人之于天道也，命也；有性焉，君子不谓命也。"

②《孟子·万章》："伊尹曰：'何事非君？何使非民？'治亦进，乱亦进，曰：

'天之生斯民也，使先知觉后知，使先觉觉后觉。予，天民之先觉者也。予将以此道觉此民也。'思天下之民匹夫匹妇有不与被尧舜之泽者，若己推而内之沟中——其自任以天下之重也。"

又，《孟子·尽心》："有事君人者，事是君则为容悦者也；有安社稷臣者，以安社稷为悦者也；有天民者，达可行于天下而后行之者也；有大人者，正己而物正者也。"

| 实践要点 |

1. 这一段，区分"大人"与"天民"。孟子说："民之为道也，有恒产者有恒心，无恒产者无恒心。苟无恒心，放辟邪侈，无不为已。"这里说的即是"天民"。天民生活有保障，接下来才能有恒心。所以对于一般民众，仓廪足而知礼节，衣食足而知荣辱。而对于士人来说，"无恒产而有恒心，惟士为能"。士人的志向是超越物质条件的，不论时运如何，士人都是坚守道义的。孔子所谓："造次必于是，颠沛必于是。"即便是造次颠沛，君子都一定是坚守仁义的。因而士人可以超越命运。

2.《尚书》有言："天降下民，作之君，作之师，惟曰其助上帝，宠之四方。"上天降下民众，在民众之中，兴起君上，兴起师长。君和师协助上帝，恩宠四方。下民，也就是天民。而君、师则是大人。一方面，大人也属于下民，只是出乎其类、拔乎其萃者。另一方面，上天仁爱万物，成就万物，也通过君、师来进行。所以君、师，或者说大人，实际上是参与到上天的造化中的，所谓"参赞化育"，所谓"为天地立心，为生民立命"。

3. 在修身的时候，我们或许觉得身边的人都没有修身的心，常常任情任性，讲功利而不谈道义。在这样的情况下，我们修身似乎很难。我们的"命"不好，修身环境不好。这时，我们可以想想心斋先生所说的"大人造命"。如果身边没有共同修行的人，我们就主动发展修行者，主动去创造一个好的修身环境。比如做公务员，我们便要十分关注新招的公务员，如果他们目光中还有一点纯澈，有要为他人、为社会奉献的心，那我就主动帮助他，鼓励他，使他那颗真心能保存下去。这样的人，一年有两个，那三五年后，我便能形成一个修身的小圈子了。在这个小圈子中，大家相互切磋，共勉于仁。这便是造命了。造命即是在当下可能不是那么好的时命中，用我们的言行开出一条通往道德仁义的道路。譬如一棵生病的大树。给这棵大树治病，这是晚清民国的"改良派"。要把这棵树砍了，重新种一棵健康的，这是晚清民国的"革命派"。而造命，则如一株藤，它绕着这棵树，顺着树势生长，经过数年，不知不觉地代替这棵病树。

> 二、舜于瞽瞍，命也。舜尽性，而"瞽瞍厎豫"①，是故"君子不谓命也"②。陶渊明言："天命苟如此，且尽（原诗作"进"字）杯中物。"③便不济。

｜ 今译 ｜

舜有瞽瞍这样糟糕的父亲，这是命。舜充分依照本性行事，最终"父亲瞽瞍被感化",所以"君子不讲命,只是去尽性而已"。陶渊明说:"天命倘若真是这样,那也没有办法,还是喝酒吧。"这种态度就不行。

| 简注 |

①《孟子·离娄》:"舜尽事亲之道,而瞽瞍厎(dǐ)豫。"

②《孟子·尽心》:"仁之于父子也,义之于君臣也,礼之于宾主也,知之于贤者也,圣人之于天道也,命也;有性焉,君子不谓命也。"

③陶渊明《责子》:"白发被两鬓,肌肤不复实。虽有五男儿,总不好纸笔。阿舒已二八,懒惰故无匹。阿宣行志学,而不爱文术。雍端年十三,不识六与七。通子垂九龄,但觅梨与粟。天命苟如此,且进杯中物。"

| 实践要点 |

1. 明儒罗念庵说:"心斋论'仁之于父子',曰:'瞽瞍未化,舜是一样命,瞽瞍既化,舜是一样命。可见性能易命。'"心斋先生谈论《孟子》"仁之于父子"一章时说,瞽瞍没有被感化,舜是一样的命,瞽瞍被感化了,舜也还是一样的命。可以看出,人如果依照本性而为,就可以转化命运。

不论瞽瞍是否被感化,舜都是依照自己的本性、依照良知来做事情,舜的人生丝毫不会因为瞽瞍的转化与否而打一点点折扣。侍奉父亲,如果能做到舜那样,那便绝对算得上圣贤了,其人生也绝对是光辉的。瞽瞍是否被感化,这个是时命，或者说命运、时运。而舜的一生，其分量如何，其盖棺定论如何，这个则是舜自己可以把握的。

2. 人如果凭空多出一千万的财富是否可以彻底改变人生呢？我想是不足以彻底改变人生的，因为他还是以其原本的气质、原本的格局、原本的心态去使用这一千万。人生有诸多的侥幸和横祸。这些侥幸和横祸都不会真正改变其生命的品质。

外在机缘的变化无法真正改变一个人。一个人要真正变化，只能靠这个人内在的变化。即便外在机缘影响到一个人，那也是由于外在机缘触发了他内在生命的转变。

如何改变内在生命呢？如何变化气质呢？那就须通过尽性的功夫。比如，人的本性是爱父母的。那么我原先不够爱父母的地方，我现在就努力去爱父母，这就是尽我们的本分，也就是尽性。不断地做尽性的功夫，不断地把自己内在的本性发挥出来，那么我们的生命就会随之改变。这就是"性能易命"。

三、人之天分有不同，论学则不必论天分。

| 今译 |

人的天分各有不同，而谈论学习就不必去谈论天分了。

1. 人的天分不同，这里的天分，指的是对人生的领悟力。有的人，天生心思澄明，不容易被私欲蒙蔽良知。这类人很早就把握住了人生的方向，人生顺畅，容易获得极大的幸福和人生成就。这属于"生而知之"者，又叫做"生知安行"者。因这类人天生就容易把握天道，所以能够自然而然就安身立命于天道上。有的人悟性差一点，但是通过学习，还是很容易明白依着道义而行对自己的人生是有益的。这种人属于"学而知之"，又叫做"学知利行"者，通过学习，利于自己依照天道而行。这样的人，因为学习，人生可以少走很多弯路。再有一种是"困而知之"的人，这种人的天分更低一些，一定要到人生遇到很大困境时，才被逼着去体会天道。这种人又叫做"困知勉行"者，在遇到人生的困顿时，勉强自己努力践行道义。人的天分殊为不同，如果没有学，人各自依照自己的天分去生活，便会活出各自的命运。

2.《中庸》讲："人一能之己百之，人十能之己千之。果能此道矣，虽愚必明，虽柔必强。"别人（生知安行者）一次就能够领悟，我（学知利行者）要经历一百次；人家十次就能领悟，我要一千次。如果我果真能依此道而行，那么即便再愚笨也会变得明白，即便再柔弱也会变得刚强。

《中庸》讲："或生而知之，或学而知之，或困而知之，及其知之，一也。或安而行之，或利而行之，或勉强而行之，及其成功，一也。"有人生知安行，有人学知利行，有人困知勉行，人的天分不同，但他们最终对人生的领悟是一样的（合于道），他们所达到的生命境界也是一样的（依道而行，获得人生最大的成就）。

3. 人如果学成，那么其言行就完全合于天道。这个时候，他处于任何位置，应对任何情形，都是由良知主宰。他是宰相，也是按照良知来做事，他是农夫，也是按照良知来做事。他们世俗的功业可能不同，但是他们生命的品质是一样的。邵康节讲："唐虞揖让三杯酒，汤武征伐一局棋。"尧帝雍雍穆穆的礼乐教化，和饮三杯酒时所表现出的礼节，其力道是一样的；汤武征伐商纣王，其心力和对待一局棋是一样的。三杯酒和唐虞风化之盛，伐纣和下棋，在世俗看来，功业相差悬殊；而就当事人良知的运用而言，力道是一样的，皆是全力以赴。

陆象山先生说："狮子抓兔，皆用全力。"狮子不管是捕猎大的动物，还是小的动物，它捕猎时都是全力扑上去。猎物不同，而其用心是一样的。

人的成就如何，功业如何，就在于人的一生是怎么过的。如果我是顶天立地过的，那我的一生就是顶天立地的。如若我患得患失地过，那我的一生就是患得患失的。外在的一切评鉴都不能论定我的人生。如人饮水冷暖自知，我的人生过得怎么样，只在我自己如何用心。由此看来，人如果学成，无论其境况如何如何，其生命都如往圣先贤一般光辉。孟子说："有天爵者，有人爵者。仁义忠信，乐善不倦，此天爵也；公卿大夫，此人爵也。"论天分，即是论个人的才智、个人的家境等等，也就是"人爵"；而论学，则是学忠信仁义，那就超越人爵了。在"天爵"上，我们的"命"完全是由我们自己"造"的。

四、或问"智者不惑，仁者不忧，勇者不惧"[①]。

曰："我知天，何惑之有？我乐天，何忧之有？我同天，何惧之有？"

/

有人问心斋先生"智者没有疑惑，仁者没有忧虑，勇者没有恐惧"这句话的意思。

心斋先生说："我体知天道，还有什么疑惑呢？我乐于天道的安排，还有什么忧虑呢？我与天道相合，还有什么惧怕呢？"

| 简注 |

/

①《论语·子罕》："子曰：'知者不惑，仁者不忧，勇者不惧。'"

| 实践要点 |

/

1. 心斋说的知天，不是对外在事物的认知，而是对内的体知。不是"我知道你叫什么名字"的这个知，而是"我知道饿了，知道渴了"的这个知。"见父自然知孝"，我见到父亲，心中自然升起孝心，便自然而然去行孝了。这个行孝，是完全依照良知来做的，也就是完全依照天道来做的。我在按照天道做事情的时候，我自身有个理直气壮的感觉，天经地义的感觉——行孝这件事谁也不能拦住我。这就是知天。所以知天就是依照天道而行的时候，自己对自己的一种内在的觉知，这种觉知伴随着一种理直气壮、天经地义、虽千万人吾往矣的感受。

同样的，我按照天道，也是按照良知，对父亲行孝的时候，我心中必然生起快乐。心斋先生说的"乐天"即是此意。乐天，不是"听天由命"。而是发挥自己的本性，在天地间自强不息地、依照天道地生活，并且在此过程中感到由内心透出的快乐。所以"知天"，是人在言行"同天"的时候，对自身行为的觉知，觉察到自己的一言一行确凿无疑，所以说"无惑"。

乐天是人在言行"同天"的时候，对自己本性的满意，对天道给自己的安排的满意——上天怎么偏偏把我的本性安排为孝悌慈，而不是不孝、不悌、不慈？我极其乐意接受这个安排。在我的一言一行与天道相合的时候，我感到心满意足。所以我还有什么忧愁呢？而"同天"，则是自己的言行合于天道，与天一样刚健不息。

2. 有人欲，人和天就分离了。我们便有了很多安排、计较、盘算。有的人把这一套玩得精明，这便是世俗所谓的"智"，而实则是人的自以为是。孔子说子贡"赐不受命，而货殖焉，亿则屡中"，子贡不接受天命，而靠自己的小聪明，做生意，每每臆测都能够赚到钱。这个小聪明，却成了子贡生命上升的障碍。如果受命，则一言一行出自天德良知，没有不合道义的地方，所谓目代天视，耳代天听，神感神应。这才是真正的"智"，以及"知天"。

3. 世上有一种仁厚的人，处处展现出亲切有礼，然而仁厚更多的是一种"策略"。这类人深知，表现出仁厚的样子会让自己的生活与事业顺畅很多，而内心并不一定真的仁厚。这样的人常常压抑自己，有时候，压抑不住，会突然爆发，甚至歇斯底里，与原先仁厚的样子判若两人。即便没有出现这种"爆发"，这样的人也常常是委屈自己，常常一个人发愁。世上有许多这样仁厚的"老好人"。这种仁厚，不是真正的"仁"。它是出于对世间功利人情的爱好而产生的。而真正的仁，基于对天道的爱好，而非对凡俗的爱好，所谓"乐天"。乐俗，便是一副仁厚的老好人的模样（亦即"乡愿"），并有无穷忧愁；乐天，便是真正的"仁"，并且没有忧愁。

4. 曾子说："吾尝闻大勇于夫子矣。自反而不缩，虽褐宽博，吾不惴焉？自反而缩，虽千万人，吾往矣。"如果我反思一下自己的言行，不合于良知（也就是"不直"，即"不缩"），即便面对一个寻常百姓，我难道不觉得理亏吗？如果反思一下自己的言行，完全是出自良知，即便面对千万人，我也勇往直前。在自己不合于道的时候，那我就得泄气，就得理亏。如果这时候，我还是一副理直气壮的样子，这就不是勇，而是逞匹夫之勇、逞口舌之能。之所以要逞能、逞匹夫之勇，恰恰是因为担心自己不能，害怕别人看破。所以，这种匹夫之勇往往是伴随着恐惧的。有很多地痞流氓，他们表现出一副横行霸道的样子，实则是欺软怕硬的。所以，唯有与天同者，才能够不惧一切，只要合乎道义，虽千万人吾往矣。

第九章　求万物一体之志

> **一、"隐居以求其志"**①**，求万物一体之志也。**

┃ 今译 ┃

"通过隐居来追求志向"，追求的是万物一体的志向。

┃ 简注 ┃

①《论语·季氏》："孔子曰：'见善如不及，见不善如探汤。吾见其人矣，吾闻其语矣。隐居以求其志，行义以达其道。吾闻其语矣，未见其人也。'"

┃ 实践要点 ┃

1. 孔子说"志于仁"。所谓"立志"，便是把自己安顿在仁义上，一言一行合于道义。这就是孟子所说的"居仁由义"。《论语》："君子无终食之间违仁，造次必于是，颠沛必于是。"意思是，君子哪怕是一顿饭的工夫都不会违背仁，无论造次颠沛，都必定依仁而行。所以，得君行道，居仁由义，担当道义；不能得君行道，便隐居，并且隐居不是逃避世界，而是以另一种方式居仁由义，担当道义。

2. 心斋先生所说的"隐居之志"就是"曾点之志"。心斋先生说："曾点'童冠舞雩'之乐，正与孔子'无行不与二三子'之意同，故'喟然'与之。""童冠舞雩"，是《论语》中的一个典故。曾点的志就是以后退居山林，和一些成人（冠）儿童（童）一同纵情山水。孔子听后十分感慨，说自己认同曾点的志向（喟然与之）。心斋先生认为，曾点的退居山林不是通常人们所说的避世隐居，而是与冠者、童子在山林游学。儒者得君行道，也是在行道；退居山林，也是在行道——通过自己的一言一行，来感染身边人，进行"言传身教"。这就是孔子所说的"无行不与二三子"，即自己的一言一行都展现在二三弟子面前，作为"言传身教"。

所以无论什么时候，儒者都不存在与世界隔绝的情况，不会"离群索居"。儒者和万物是一体的，在任何时候，任何处境，所考虑的只是宇宙整体的生生不息。得君行道固然是为了宇宙整体，隐居讲学同样是为了宇宙整体，而不是为了个人逍遥的"离群索居"，此即"万物一体之志"。

3. 孔子曰："见善如不及，见不善如探汤。吾见其人矣，吾闻其语矣。隐居以求其志，行义以达其道。吾闻其语矣，未见其人也。"在面对"不善"的时候，有"见不善如探汤"的人。意思是，遇到不善，就仿佛把手伸进滚烫的水里，避之惟恐不及。还有一种"隐居以求其志"的人。既然时局无法让自己站出来践行自己的志向，那就归隐起来通过另外的方式践行自己的志向。孔子说，第一种人，我看到过这样的人，听到过他们的言语；第二种人，我只听到过他们的言语，而没有看到过那样的人。言语之间，让人感觉到这第二种人既不容易见到，又深为孔子所推崇。这两种人，姑且用两句话形容：1."穷则独善其身，达则兼济天下"；2."造次必于是，颠沛必于是"。而心斋先生更希望我们能立志做第二种人。（对于"穷则独善其身"，我仅取世俗之理解，即：不得志则不管世事，只把自己做好。实际上，在《孟子》中，"穷则独善其身"也是通过修身而被世人了解，从而有教化世人的作用，绝非与世俗隔绝。《孟子·尽心》："古之人，得志，泽加于民；不得志，修身见于世。穷则独善其身，达则兼善天下。"）

二、学者有求为圣人之志，始可与言学。先师常云："学者立得定，便是尧、舜、文王、孔子根基。"

| 今译 |

学者有了要做圣人的志向之后，才可以和他谈论真正的学问。先师阳明先生常常说："学者如果志向树立得坚定，他的人生就是植根于尧、舜、文王、孔子的生命境界上的。"

1. 这一条讲的是人生道路的选择。人有其与生俱来的气质，有无法选择的家庭环境，有学历规定的受教育程度。这是因缘际会给我们的一条道路。常人往往按照这条道路过一辈子。这条道路是常人生命的根基。

阳明先生说"个个人心有仲尼"，每个人心中都有个孔子，每个人都有良知，都向往圣人的生命。正是因为如此，一个懦弱的人，很可能因为一时良知的发现，做出刚强的事情。一个虚伪的人，很可能因为一时良知的发现，做出真诚的事情。这"一时"的生命，就不再根基于世俗的自己，而是根基于尧、舜、文王、孔子。这就是人生的改弦易辙，另起炉灶。这就是所谓"造命"。

2. 造命，不是为了满足个人的欲求，人为地去改变自己的生活处境。比如穷困的人要离开山村，他知道离开山村会摆脱贫穷的生活。他对于贫穷，对于山村，对于自己人生的看法，都是根基于其世俗生活的。他的未来，依然是由世俗的他所展开。

如果他见到父母生活劳苦，内心良知触动，必要让父母活得好，于是要走出山村。他接下来的行为不是由私欲发动的，而是由良知发动的。尧舜处在他的境地，也会做同样的事情。他的生命便与尧舜一致。

所以，造命，必定是良知造命，而与世俗所谓"奋斗拼搏，改变命运"不同。

三、门人问"志伊学颜"。先生曰："我而今只说志孔子之志，学孔子之学。"曰："孔子之志与学，与颜渊伊尹异乎？"曰："未可轻论，且将孟子之言细思之，终当有悟。"

| **今译** |

学生请教心斋先生"立伊尹所立的志向，学颜渊所学的学问"这句话的意思。心斋先生回答说："我现在只说立孔子所立的志向，学孔子所学的学问。"学生问："孔子的志向和学问与伊尹、颜渊的不同吗？"心斋先生说："这个问题不可以轻易议论，且把孟子所说的话细细品味一下，终会有所感悟。"

| **实践要点** |

1.《王心斋集》：有以伊傅称先生者，先生曰："伊傅之事我不能，伊傅之学我不由。"门人问曰："何谓也？"曰："伊傅得君，可谓奇遇，设其不遇，则终身独善而已。孔子则不然也。"

有人把心斋先生比作伊尹、傅说。心斋先生说："伊尹、傅说的事情我不能遇到，伊尹、傅说的学问道路（亦即人生道路）我不会去走。"学生问心斋先生："为什么？"心斋先生说："伊尹、傅说获得君主的提拔，堪称奇遇。如果他们没有这个奇遇，那就一辈子独善其身而已。孔子却不是这样。"

在心斋看来，孔子和傅说、伊尹的差别在于，孔子得君，则行道。如果不能得君行道，那就讲学以行道。不管什么情况，孔子的格局都是整个天下，孔子的志向都是与万物为一体的。

2. 颜回是孔门中"好学"的代表。颜回一箪食、一瓢饮，居住在简陋的巷子中，"人不堪其忧，回也不改其乐"。所以"孔子贤之"。而大禹三过家门而不入，孔子也"贤之"。有人就拿这件事来问孟子。孟子说，颜回和大禹是"同道"，"易地则皆然"。颜回和大禹的处境不同，所以一个独善其身，一个担当天下。如果换一下处境，他们会做一样的事情。这是从颜回自己的修为上说。如果从我们学习效法的角度上说，在颜回的处境中，他的学问就体现在一箪食一瓢饮上。如果我们去学颜回，很可能只学到了一个具体情景中的"善"。而学习孔子则不然。孟子说孔子："可以仕则仕，可以止则止，可以久则久，可以速则速。"如果我们学孔子，实际上更容易学到整全的道。孟子称孔子为"圣之时者"，说"乃所愿则学孔子"（我所希望的是学习孔子）。

3. 心斋觉得伊尹还有做得不够好的地方，而对于颜回，却从来没有过一点微词。为什么不学颜子之学呢？

孟子在讲道统的时候，说二帝三王：尧舜为二帝，禹、汤、文王为三王。而周公则是思兼三王，想着三王所做的事情自己是否做得到，如果做不到，就夜以继日地思索。周公以前，道统由圣王承担，而周公以后，道统不由圣王承担。周公是一位开启"师道"、开启"学统"的人物。他把三王的功业变为学问，都学到自己身上。所以孔子每以周公为楷模。而孟子又以孔子为楷模，所谓"私淑"孔子，所谓"乃所愿则学孔子"。

所以孔子学习不止是为了个人生命的完善，否则孔子只学一项就好了。所谓"人能弘道，非道弘人"。孔子不只是用学问成就自己，更是在成就"学问"。甚至学问远比自己重要。这就是"学统"。

孟子所说的道统是：尧、舜、禹、汤、文、武、周公、孔子（再到孟子自己）。而学统则从周公到孔子。孟子说"孔子贤于尧舜"，也正在其开启"学统"。心斋先生不学其他人，包括颜子，正是因为他欲传承学统。道统正是因此学统而传续。

所以，心斋先生的志，是万物一体之志，心斋先生的学，是传承道统（所谓"大成学"）。这两者亦是密不可分的。

四、"志于道"①，立志于圣人之道也。"据于德"，据仁义礼智信，五者，心之德也。"依于仁"，仁者善之长，义、礼、智、信皆仁也，此学之主脑也。"游于艺"，"多识前言往行，以畜其德"②也。

| 今译 |

"志于道"，说的是立志走上圣人的道路。"据于德"，说的是依据仁义礼智信，仁义礼智信这五点，是人心本有的德行。"依于仁"，在各种善的德行中，仁是第一位的，义礼智信，都是由仁生发的，这是学问的首脑。而"游于艺"，就是"多去察识过往的言行，以畜养人的德行"。

①《论语·述而》："子曰：'志于道，据于德，依于仁，游于艺。'"

②《周易·大畜》："君子多识前言往行，以畜其德。"

| 实践要点 |

1. 依心斋的看法，志于道、据于德、依于仁实际上是从三个方面说同一件事。圣人之道即是人心本有之德行，即是仁。

2. 做功夫如何才不会偏差，如何才能不偏？当我们立身处世既符合往圣先贤之道，又完全是发自我们的内心，同时又能和百姓日用之道相合，那么我们的功夫便不会有大的偏差了。

3. 伊川先生说："某写字非是要字好，即此是学。"伊川先生写字不是要追求书法水平，而是把写字这件事本身看作修身的契机。学者的一切活动都指向身心，指向自身德行的养成。否则便可能流于玩物丧志。

五、只在简易慎独上用功，当行而行，当止而止，此是"集义"①。即此充实将去，则仰不愧，俯不怍②。故浩然之气塞乎两间③，又何境遇动摇闲思妄念之有哉？此孟子集义所生，"四十不动心"④者也。若只要境遇不动摇，无闲思妄念，便是告子不集义，"先我不动心"⑤者也。毫厘之差，不可不辨。

今译

只在简易、慎独上下功夫（详见实践要点 1、2），该去做就去做，该停止就停止，这就是"集义"（详见实践要点 3）。就这么把自己的仁心扩充出去，则抬头无愧于天，低头无愧于地。所以浩然之气充满天地之间，又怎么会遇到外境就动摇本心，产生邪思妄念呢？这就是孟子通过集义所达到的，"四十岁时才做到的内心不为外物所动"。如果只要做到遇到外境不动摇，不产生邪思妄念，这就是告子不做集义的功夫，"比孟子更早达到的内心不为外物所动"。这里失之毫厘，谬以千里，不能不辨别清楚。

简注

①《孟子·公孙丑》："是集义所生者，非义袭而取之也。"

②《孟子·尽心》："父母俱存，兄弟无故，一乐也；仰无愧于天，俯不怍于地，二乐也；得天下英才而教育之，三乐也。"

③《孟子·公孙丑》："我知言，我善养吾浩然之气……其为气也，至大至刚，以直养而无害，则塞于天地之间。"

④《孟子·公孙丑》："公孙丑问曰：'夫子加齐之卿相，得行道焉，虽由此霸王不异矣。如此，则动心否乎？'孟子曰：'否。我四十不动心。'曰：'若是，则夫子过孟贲远矣？'曰：'是不难，告子先我不动心。'"

⑤ 参见上一条注释。

/

1. 简易: 完全由自己的良知出发做事情, 不需要任何人为的安排造作, 这是最为简易的功夫。

2. 慎独: 独, 就是不顾他人意见与评价, 独独由自己的本心作主。独也就是良知, 或者叫"独知"。慎独就是谨慎地保持自己的"独知"做人生的主宰。

3. 集义: 孟子讲养"浩然之气"的方法就是"以直养而无害", 也就是直心而行, 让本心做主宰, 不去妨碍本心的流通, 那么气量自然越来越足。这样一种"直心而行的积累"即是"集义"。而"义袭"不是由内心的仁义所发, 而是做出一副仁义的样子, 是从外袭取仁义。

4. 心斋先生所说的"乐", 是完全由本心做主宰的状态, 并不是放任、懈怠。我们的良知是很精明的, 在我们由本心主宰、刚健不息的时候, 良知能自知; 在我们懈怠的时候, 让私欲做主宰的时候, 良知能自知。而慎独, 则是十分谨慎地对待良知的这种能力, 即"敬慎此独体", 独体, 也就是良知、独知 (心斋弟子, 王一庵)。

一庵先生讲: "才没意趣, 便是功夫间断。才有窒碍, 便是功夫差错。"如果我们一直由良知做主宰, 也就是直心而行, 也就是集义养气, 那么我们会感到充满意趣, 而不会觉得无聊, 做任何事都不会觉得要去敷衍; 我们也会感到内心的通畅 (直心), 不会感到心中窒碍。所以我们一旦感到没有意趣、需要敷衍、心中不畅, 就要及时调整身心状况, 使得身心状况回到正轨。这就是泰州学派所说的慎独。

第十章　修身讲学以见于世

一、孔子谓"二三子以我为隐乎"①，此"隐"字对"见"字说。孔子在当时虽不仕，而无行不与二三子，是修身讲学以见于世，未尝一日隐也。隐则如丈人沮溺之徒②，绝人避世而与鸟兽同群者是已。乾初九"不易乎世"，故曰"龙德而隐"③，九二"善世不伐"，故曰"见龙在田"④。观桀溺曰"滔滔者天下皆是也，而谁以易之"，非"隐"而何？孔子曰："天下有道，某不与易也。"⑤非"见"而何？

| 今译 |

孔子和弟子说："你们认为我'隐'吗？我没有'隐'。"这个"隐"字和"见"字相对，也就是出世隐居的意思。孔子在当时虽然不做官，但是没有一个行为不展现在弟子面前，这就是通过讲学，在世上发挥作用，没有一天离开世界隐居起来。隐居的人，就如荷蓧丈人、长沮、桀溺，他们和世人断绝往来，和鸟兽共居处。《周易·乾卦》初九爻说"不为世界而改变自身的操守"，所以说"有龙德但

是隐而不见";九二爻"让世界变得善，但是不自夸其功劳"，所以说"龙出现在地面"。看桀溺所说的"同流合污的人满天下都是，谁能改变这个世界呢"，这不就是"隐"吗？孔子说："天下如果有道义，我就不用去改变这个世界了。"这不就是"见"吗？

| 简注 |

①《论语·述而》："子曰：'二三子以我为隐乎？吾无隐乎尔。吾无行而不与二三子者，是丘也。'"

② 丈人：《论语·微子》："子路从而后，遇丈人，以杖荷蓧。子路问曰：'子见夫子乎？'丈人曰：'四体不勤，五谷不分。孰为夫子？'植其杖而芸。子路拱而立。止子路宿，杀鸡为黍而食之，见其二子焉。明日，子路行以告。子曰：'隐者也。'使子路反见之。至则行矣。子路曰：'不仕无义。长幼之节，不可废也；君臣之义，如之何其废之？欲洁其身，而乱大伦。君子之仕也，行其义也；道之不行，已知之矣。'"

沮溺：《论语·微子》："长沮、桀溺耦而耕，孔子过之，使子路问津焉。长沮曰：'夫执舆者为谁？'子路曰：'为孔丘。'曰：'是鲁孔丘与？'曰：'是也。'曰：'是知津矣。'问于桀溺。桀溺曰：'子为谁？'曰：'为仲由。'曰：'是鲁孔丘之徒与？'对曰：'然。'曰：'滔滔者天下皆是也，而谁以易之？且而与其从辟人之士也，岂若从辟世之士哉。'耰而不辍。子路行以告。夫子怃然曰：'鸟兽不可与同群，吾非斯人之徒与而谁与？天下有道，丘不与易也。'"

③《周易·乾》："'潜龙勿用'，何谓也? 子曰:'龙德而隐者也。不易乎世，不成乎名；遁世无闷，不见世而无闷；乐则行之，忧则违之，确乎其不可拔也。潜龙也。'"

④《周易·乾》："善世而不伐，德博而化。"

⑤ 见注释 ②。

| **实践要点** |

1. 心斋先生说："君子当以九二为家舍。"君子安身立命应该在九二爻，也就是"见龙在田"。心斋先生对"潜龙勿用"的解释是："潜龙"的生命状态，君子是不取用的。

2. 在心斋先生这里，没有出世和入世的选择，只有以怎样的方式入世的选择：要么得君行道，要么觉民行道。而这两者，以觉民行道为根本。所以心斋先生对子孙立了一个规矩：不可以从政。心斋去世之后很久，他的子孙都谨守这个祖训，朋友劝说、朝廷征召都拒绝做官，而是在地方上讲学。泰州学派这一条脉络，始终在东台、兴化、姜堰、草堰这一带(都在江苏中部的里下河低区)做化民成俗的事情，影响绵延到满清民国。这一路著名人物有：王东厓、王一庵、韩乐吾、朱光信、王元鼎、葛日纯(明末泰州本地民间抗倭领袖)、王翌如(心斋先生七世孙，民国时人)、王士纬、袁承业等。

另一方面，心斋先生本人也会鼓励学生从政，广泛地和官员来往。心斋早年弟子，徐波石、林东城，心斋都不反对其从政。波石先生的弟子赵大洲，官至礼部尚书。波石的再传弟子罗近溪也是通过从政来传播学问，在云南从政时期，甚至一次讲会有上万人参加。这一路使得泰州学派有很大的影响。明代开始，说泰州学派便主要是指这一路。这一路传播得很广，不限于里下河地区。而本土那一路在学术界几乎无名，以至于明儒周海门先生在泰州做官，看到一庵先生学问十分精深，惊讶于其学术竟然没有在学界流传。泰州学派"走出去"的这一路，以徐波石的弟子为主，颜山农、赵大洲、罗近溪、程后台、杨起元，皆是徐波石一脉。这一脉影响很大，但是不及本土一脉绵延之深远。

二、孔子曰："吾无行而不与二三子者，是丘也。"① 只是学不厌、教不倦，便是致中和，位天地，育万物②，便做了尧舜事业。此至简至易之道，视天下如家常事，随时随处无歇手地。故孔子为独盛也③。

| 今译 |

孔子说："我一言一行都展现在二三弟子面前，这就是我孔丘。"孔子的"一言一行"只是永不厌倦地学习、教弟子。永不厌倦地学与教，就是达到中与和的境界，让天地各安其位，让万物化育，这就相当于做了尧舜这些圣王所做的事业。这是最简易的大道，这样做，就把天下的事都视作了家常事，随时随地都在做，没有停下来的时候。所以孔子在生民之中，可称独盛。

简注

①《论语·述而》：子曰："二三子以我为隐乎？吾无隐乎尔。吾无行而不与二三子者，是丘也。"

②《礼记·中庸》："致中和，天地位焉，万物育焉。"

③《孟子·公孙丑》：（孟子）曰："宰我、子贡、有若，智足以知圣人，汙不至阿其所好。宰我曰：'以予观于夫子，贤于尧、舜远矣。'子贡曰：'见其礼而知其政，闻其乐而知其德。由百世之后，等百世之王，莫之能违也。自生民以来，未有夫子也。'有若曰：'岂惟民哉！麒麟之于走兽，凤凰之于飞鸟，太山之于丘垤，河海之于行潦，类也；圣人之于民，亦类也。出于其类，拔乎其萃。自生民以来，未有盛于孔子也。'"

实践要点

1. 在心斋先生的思想中，学这一个字涵盖一切。学，首先体现在我们的一言一行上，譬如起心动念，是否都是出自仁爱心而非私心。因此我们的一言一行，展现在别人面前就是言传身教。别人被我教化了，那么就能够依他在天地间应该的活法去生活，因而让天地万物各安其位，也是通过我的学。

所以说：一言一行（我们活生生的生活），就是学问，就是教弟子，就是移风易俗。

所以把儒学的方方面面都承担起来的，只是我们活生生的生命（一言一行）；

内圣外王的全部手段，只是我们活生生的生命。而这个活生生的生命，这个一"言"一"行"就是：言说此学，践行此学。

2. 按照《孟子》所述的道统。周公以前，圣人都是圣王，他们的"圣"，直接体现在所做的事情上。他们开启了道统，使人类有了文明。周公思兼三王，总结历代圣王的言行，并且制礼作乐。所以周公开启了学统。而孔子有教无类，周游列国，聚徒讲学，开启了师道。自天子以至于庶人，皆得而学圣人之学。故而我们尊称孔子为万世师表，这正是《孟子》中所说的孔子贤于尧舜之处。

> 三、"致中和，天地位焉，万物育焉"①，不论有位无位，孔子学不厌而教不倦，便是"位育"之功。

｜ 今译 ｜

"达到中正平和的境界，使得天地各安其位，万物得以化育。"不论身居高位，还是没有权位，孔子都只是学而不厌、诲人不倦，这便是"使天地各安其位，使万物得以化育"的功业。

｜ 简注 ｜

① 《礼记·中庸》："致中和，天地位焉，万物育焉。"

四、良知即性。"性焉安焉之谓圣",知不善之动而"复焉执焉之谓贤"。^①惟百姓日用而不知,故曰:"以先知觉后知。"一"知"一"觉",无余蕴矣。此孔子学不厌而教不倦,合内外之道也。

| 今译 |

良知就是人的本性。"以良知为本性,把身心安顿在良知上,这就是圣人",心中有不善的念头发动,"知道回归到良知,并且牢牢把握住它,就是贤人"。惟有老百姓,每天在运用自己的良知却没有意识到。所以伊尹说:"要让先对良知有体认的人去启发后对良知有体认的人。"一个"体认",一个"启发",就说尽了一切意蕴。这就是孔子学而不厌(知)、诲人不倦(觉)、统合内外的大道。

| 简注 |

① 周濂溪《通书》:"诚无为,几善恶。德:爱曰仁,宜曰义,理曰礼,通曰智,守曰信。性焉安焉之谓圣,复焉执焉之谓贤,发微不可见、充周不可穷之谓神。"

在心斋先生的思想和生命实践中，君子和小人不是截然对立的，而是携手并进的。君子自修，不断体会良知，并且启发、带动后知后觉的君子修行。如此，天下就只有两种人：君子，以及可能要成为君子的人。

阳明说："个个人心有仲尼"，每个人心中都有一个孔子，正是此意。

因此，心斋非常强调见善体仁，多感受他人身上的善，多感受天地间的仁爱，并且去呵护、去成就天地间这最温厚的东西。

这不是自我欺骗，天地间本来就是温厚的东西多，残酷的东西少，否则人类就无法继续下去了。阳大阴小，这本就是生命的特征。否则，生命就走向死亡。罗近溪讲，我们平时有好善的时候，有恶恶的时候。好善恶恶都是良知的作用，但是我们好善应该比恶恶多，否则功夫就有偏差了。

> 五、"见龙"，可得而见之谓也；"潜龙"，则不可得而见矣。惟人皆可得而见，故"利见大人"①。

| 今译 |

"见龙"，就是别人可以看得见的；"潜龙"，就是别人没法看得见的。只因人人都能看得到，所以"利于以大人的方式行事"。

①《周易·乾卦》九二爻辞:"见龙在田,利见大人。"

| 实践要点 |

／

1. 心斋先生把自己看得很高。这是自尊、自重。孔子讲:"君子不重则不威,学则不固。"君子如果不把自己看得很重,而是轻视自己,对自己的言行不做什么要求,苟且随便,那么就没有威仪。其学也因苟且随便而不能稳固。

2. 心斋先生说,两个人分别的时候,都会道一声保重、珍重。这个保重,亦有要看重自己的意味。看重,不是自高自大,而是源于对人性深刻的体认与相信:体认到我们心中有个纯然至善的良知,只要依照良知而行,那我们就能成为顶天立地的"大人"。我们之所以没有成为"大人",是因为我们"不为也非不能也"(不去做,而不是做不到)。

3. 因为对我们的本性有如此的体认和相信,所以必不能看轻自己,必定要发挥良知、担当道义。于是,心斋先生每每论及世道,便说自己有愧疚。比如,论及乡间大家孝顺父母做得不好,心斋便觉得自己移风易俗的事情做得有欠缺。这样,天地万物便和自己息息相关。以至于"以天地万物依于己,不以己依于天地万物"。

4. 因此,心斋先生看乾卦,只看"大人"的爻位,亦即九二和九五。

心斋先生认为乾卦中,九二、九五是大人的时位。"利见大人",按照心斋先生的理解，即利于呈现出大人的形象，亦即民众利于见到九二位上的、也就是身在下位的大人。

九二即是觉民行道的位，是"处则为天下万世师"的位；九五是得君行道的位，是"出则为帝王师"的位。

六、"飞龙在天，上治也"①，圣人治于上也。"见龙在田，天下文明"②，圣人治于下也。惟此二爻谓之"大人"，故在下必治，在上必治。

｜ 今译 ｜

"飞龙在天，上治也"，说的是圣人在上位治理天下。"见龙在田，天下文明"，说的是圣人在下位治理天下。乾卦中，只有二五两爻称作"大人"，所以在下位一定要治理天下，在上位一定要治理天下。

｜ 简注 ｜

①《周易·乾卦·文言传》："飞龙在天，上治也。"
②《周易·乾卦·文言传》："见龙在田，天下文明。"

参考上节实践要点。

七、圣人虽"时乘六龙以御天"①，然必当以"见龙"为家舍。

| 今译 |

圣人虽然"在不同的时位展现出乾卦六爻的不同特征"，但是必定把九二爻（"见龙在田"），看作自己立身的根本。

| 简注 |

①《周易·乾卦·彖传》："大明终始，六位时成，时乘六龙以御天。"

| 实践要点 |

1. 孔子是"圣之时者"，"可以仕则仕，可以止则止，可以久则久，可以速则速"。这是变通的一面。

孔子好学，"发愤忘食，乐以忘忧，不知老之将至"。这好学的品性终身不改。这是恒定的一面。孔子的生命安顿在仁上，"造次必于是，颠沛必于是"。这是恒定的一面。

人生有个大致的定准，生命得到安顿，在此基础上才谈得上变通的那一面。孟子说，伟大的工匠教人大的规矩，不教人具体操作时精巧的细节技术。人生大的定准，就是规矩，而随时变通，则是精巧之处。

时乘六龙，随时而变，这是变通的一面。而安身立命在九二爻，把九二爻作为家舍，这是恒定的一面。

2. 所谓见龙，就是觉民行道，就是通过讲学，转化民众的品性，改变基层的社会。这里的讲学，与其说是一种事业，不如说是一种生命状态。自己的一言一行，都展现在世人眼前，都在为世人做表率，都在默默转化世人。甚至可以说，无一刻不在讲学。

> 八、或问"时乘六龙"①，先生曰："此是说圣人出处。是这出处便是这学，此学既明，致天下尧舜之世，只是家常事。"

| 今译 |

有人问心斋《周易·乾卦》中"时乘六龙"的意思，心斋先生说："这句话是在讲圣人的出处进退。这个出处进退便是这圣人之学。这个学问明白了，那么把

天下变为尧舜治理下的那种气象，也就跟处理家常事一样。"

／

①《周易·乾卦·彖传》："大明终始，六位时成，时乘六龙以御天。"

| 实践要点 |

／

1. 宋明理学强调内在的心性修养，有一重要的功夫"研几"。这个几，按照宋儒的理解，大体上表示一个念头将要发动、而没有发动的那个刹那。研几的功夫，在宋儒这里，是最为精深隐微的功夫。

而泰州学派则把几解释成"事几"，把研几理解成现实生活中的出处进退，一举一动。《易经》说："几者，动之微，吉凶之先见者也。"按照泰州学派的解释即：所谓的事几，就是我们决断的精微处，是吉是凶，此刻已然确凿无疑。

因为强调事几，强调出处进退，所以修行者对人生有更为确凿的把握，对己身在家国天下中的位置有更精微的把握。

2. 有一次，阳明率诸弟子（心斋也在其中）与一位地方官员吃饭。宴席结束后，阳明说："大家修身全不用功，十分可惧。"

这话说得很重，学生一听，都跪下请先生训斥。阳明只说了四个字："第问汝止。"汝止是王心斋先生的字，老师称呼弟子一般称字。

于是大家问了心斋先生，心斋说："刚刚那位官员（太守）行酒的时候，大家都燕坐不起。"这时众师兄弟都一身冷汗，感觉自己真是麻木无礼。

我们想象当时的情境，太守行酒，心斋先生一定是明白要起身致敬的，但是看到师兄弟都坐着吃喝，故不好站起来，否则就显得师兄弟过于无礼了。但是心斋的神色必是让老师王阳明捕捉到了。这是师生直接的一种默契。所以太守走了之后，才有"第问汝止"之说。

这里可以看出心斋先生出处进退功夫的严密。（心中知道应当起身；见到师兄弟未起身则坐着；整个过程身上没有燕安气息，反有一些羞愧感。）

3. 韩乐吾先生是窑瓦匠人，是心斋重要的平民弟子。乐吾没有论著流传，在当地做移风易俗的事情全靠自己严密的出处进退功夫。第举三事。

一、有一位高官到乐吾家中拜访这位乡贤。走的时候，乐吾没有送这位官员。这位官员出了乐吾家门，十分不满，觉得乐吾这样无礼，一定言行不一，所以让自己手下人悄悄折返回去，看看韩乐吾在家里做什么。

打探消息的人回来禀报，乐吾在门内站立"心送"。因为韩乐吾是庶民，所以依照古礼，这样的官员来到乐吾家，乐吾不能以主人待客之礼自居，也不能以送客之礼相送。故而只能在门内心送。

二、韩乐吾曾经被说服参加科举考试，到了考场，知道鞋子要脱掉，头发要散开（防止作弊）。乐吾觉得这样对待自己，有失尊严。没有自尊自重，谈何修齐治平，于是乐吾放弃考取功名的机会。

三、有一次赶夜路，乐吾误投以情色服务为主的客栈。客栈小姐多次引诱，乐吾只好闭门开灯静坐休息到天明。早上，乐吾给了客栈一笔钱，说："昨夜赶路，我不明情况，误投你家。无奈，我钱不多，稍微给你一些，作为对你不能接客的补偿。"

乐吾的一生，出处进退确凿无疑。在乡间，真可谓"使顽夫廉，懦夫有立志"（出自《孟子》）。贪婪的人看到乐吾的出处进退也会向往廉洁，懦弱的人看到乐吾的出处进退也会提起志气。

4. 念念致良知，这样的功夫可以贯穿整个生命（人念念相续，无一刻不可以正念头、致良知）。而出处进退上研几的功夫，则贯穿所有对修身有重大意义的事情。可能一开始，是在偷不偷东西、要不要闯红灯、要不要辞职这些事情上去做功夫。渐渐地，功夫细腻深入了，那么起心动念也可以管照到了。

我们刚开始修身的时候，因自身德行不足，不善之念一个接一个，这时候念念致良知是很难的，会让人措手不及，手忙脚乱，会产生心火。

而在事几上做出处进退的功夫，则有个轻重缓急，明白何为当务之急。功夫有个从粗到精的过程。

5. 许多修身的人，成天在静坐中体会自己的心念，努力让自己在静中不起一念；而同时，他又常常对家人粗暴使性子。他的人生仿佛是分裂的，有时候用圣贤的标准苛责自己，有时候拿小人的标准姑息自己。他缺乏对自己出处进退的要求，故而人生充满侥幸，对人生没有把握。其人生不能连成一片，不是一个整体。而出处进退上的研几功夫，能从寻常俗事越做越精微，一直做到圣人。整个过程中，人生不是分裂的。其修身与日常生活是完全相应的。所以心斋说："只是家常事。"

九、唐虞君臣，只是相与讲学。

/

尧舜君臣之间，只是在一起讲学而已。

/

1. 尧在位的最后二十八年，舜做宰相，管理各种国家事务。尧舜共同治理天下的过程，只是在讲学，在讨论应当如何在世上行使自己所应行之事。譬如国家有饥荒了，尧舜只是在探讨如何应对这个饥荒，如何做最为得当，亦即：只是在讲学。而具体对饥荒这件事的解决方案，只是讲学的"副产品"。由此可以说，尧舜一生只是在讲学，其他的事情，譬如个人的修行，家事国事的解决，都是不用专门去处理、而在讲学的过程中自然处理妥了的。这就是"莫之为而为，莫之至而至"。

孟子说："莫之为而为者，天也；莫之至而至者，命也。"我只是讲学，没有刻意去治理天下，天下就治理好了，没有刻意要让天下到什么程度，天下就到了盛世。这就是天，是命。我只是讲学，只是发明本心，只是"明明德"，而我的一切事业自然得到圆满的处理。这就是讲学和人生的关系。孔子"发愤忘食，乐以忘忧，不知老之将至"，他一生在学习，好像忘记了一切。其实他什么也没有遗忘，一切都在他的"学"中得到了最圆满的处理。

2. 我们的生命状态应该永远在往上升，终老不息。所谓活到老学到老。人不能有一天没有进步。如果生活只是在重复过往，而没有上升，这样的人生是不合于生生不息的乾道的。孔子说："十户人家那么大的聚落，一定能找到和我孔丘一样忠信的人，但是他们都没有我好学。"唯有生命始终处于一个学的状态，才能与天一样，永远在刚健地运转。尧舜君臣，其人生可以用"学"字概括；孔子的一生，也可以用"学"字概括。

人一生都在学，国家也是这样。"周虽旧邦，其命惟新。"周朝虽然已经存在很久很久了，但是无一刻不在更新自己。圣王商汤洗澡的器物上写着："苟日新，日日新，又日新。"身心家国天下全都处在一个不断上升、不断更新、不断学的过程，这才能与天地相似。

孔子曾经感叹先民非常好学："乡道而行，中道而废，忘身之老也，不知年数之不足也，俛焉日有孳孳，毙而后已。"过去的人向着道义而行走，在去向道义的路上离开人世，忘记自己身体衰老，忘记自己剩下的岁月不多，还是每天埋头努力学习，死而后已。

3. 尧舜讲明治理天下之道，这是"知"；尧舜实际治理天下，这是"行"；尧舜所做的讨论，记载于书册，传于后世，为后世所效法，这是"传"。"学"这一个字，便已经包含了知、行、传三个方面，知、行、传只是一件事，也就是"学"。这也是孔子所说的"无行不与二三子"。孔子的一言一行，不仅是处理眼下的事情，也不仅是自修，更是对身边的弟子以及天下万世的人所做的言传身教。

> 十、六阳从地起①，故经世之业，莫先于讲学以兴起人才。古人位天地，育万物②，不袭时位者也。

/

乾卦的六个阳爻是从初九开始生起的。所以治理天下的大业，最先要做的就是通过讲学兴起真正的人才。这就是没有权势地位的古人让天地各安其位、让万物化育的办法。

| 简注 |

/

① 坤卦的时候，天地之间阴气最重，阳气最微弱，这时候即冬至。坤下起元，一阳来复，坤卦最下面的初六变成初九，即复卦。由复卦开始，阳气不断上涨，到夏至，六个爻都是阳爻，即乾卦。

②《礼记·中庸》："致中和，天地位焉，万物育焉"。

| 实践要点 |

/

1. 一位朋友在学校读书的时候，非常想要做君子。但是很难做成。自己做君子，可是宿舍没有做君子的风气，班级中没有做君子的风气。当他以道义要求自己的时候，别人都会觉得奇怪。这期间，他便觉得这个时代非常难做纯粹的君子。

后来他主动结交着比较纯净、不那么自私的同学。与这样的同学坦诚相处，不计一切得失帮助这位朋友。也许身边的人没有一个相信君子之道的，但他们二人之间完全相信君子之道，相信对方是个君子。他们二人在学校中读书、讲学，慢慢朋友变成四五个。于是，一起读书讲学的师友道场也就成形了。学校中再有新生入学，但凡他们渴望过一种君子的生活的，便有个"组织"了。

寻常学生在大学里，可以用孔子的一句话概括："群居终日，言不及义，好行小慧"。这里面，不知道要虚度蹉跎多少人生。而这位朋友可谓没有一天虚度，他自己以及他的学友的能力、品性都远远超越同龄人。

后来他做了公务员，最乐意做的事情就是去基层，在基层发现一二目光纯澈、有家国心的年轻人，他便极力关照。他组织读书小组，与这些德行好的年轻人一起读书修身，给这样的年轻人提供居官场的经验、处理政务的经验。有好的机遇，也会第一时间提醒这些年轻人积极参加。如此，当地的基层公务员慢慢开始相信这个时代是有君子的，相信好的德行是可贵的、是受到尊重的。同时，这位朋友但凡有要做什么的意思，那些年轻的学友们便知道：他必是为了百姓，必定不是为了自己；于是大家纷纷为他出力。于是，这位朋友但凡有好的施政计划，都比同僚更容易落实。

从完全做不成君子，到形成彼此皆君子的风气，核心就是"讲学"。做一切事业，团队是核心。团队如果只是由共同利益凝聚起来，就十分不牢靠。如果由道义凝聚起来，团队首先是个师友道场，其次是个共事的团队，这样做事情便免去了巨大的人事成本和内部的消耗。

2. 我们做一些事情，都要有个师友道场。同时，构建师友道场不需要我们有什么职位，只要有德行就够了。我们也不要想着，等到自己需要一群人的时候再去构建师友道场，那时候已经落入后招了。从我们立志于学开始，便要构建师友道场，便要凝聚人心。这就是《中庸》所说的"凝道"。

十一、吾人必须讲明此学，实有诸己，大本达道①，洞然无疑。有此把柄在手，随时随处无入而非行道矣②。有王者作，是为王者师也③。

| 今译 |

我们一定要把这学问讲得明明白白的，并且实实在在在自己身上落实，人生的大根本也是这个学问，人生的通达也在于这个学问，我们洞彻这一点，对此没有疑惑。有了这个把柄（"此学"）在手上，随时随处，怎么做都是在行道。这时候，有王者出现，我们就是王者的老师。

| 简注 |

①《礼记·中庸》："喜、怒、哀、乐之未发，谓之中。发而皆中节，谓之和。中也者，天下之大本也。和也者，天下之达道也。"

②《礼记·中庸》："君子素其位而行，不愿乎其外。素富贵行乎富贵，素贫贱行乎贫贱，素夷狄行乎夷狄，素患难行乎患难，君子无入而不自得焉。"

③《孟子·滕文公》："设为庠序学校以教之：庠者养也，校者教也，序者射

也。夏曰校，殷曰序，周曰庠，学则三代共之，皆所以明人伦也。人伦明于上，小民亲于下。有王者起，必来取法，是为王者师也。"

｜ 实践要点 ｜

1."此学"，也就是知、行、传三者合一的学问。心斋称作"大成学"。这个学也就是"致良知"。我们生活中一言一行都去发挥自己的良知，这本身是"知"，是良知对自身的照察；也是行，是我们在这个世上践行良知；我们念念去做致良知的功夫，以这样的姿态展现在众人面前，感染别人，这就是传。仅仅是一个良知，就涵盖了知、行、传。这就是我们人生的把柄。可以说，我们一辈子，只要牢牢收住良知，那么人生就不会有任何问题了。这就是"把柄"二字的意义。

2. 颜回是最能抓住把柄的人。《中庸》说："回之为人也，择乎中庸。得一善，则拳拳服膺而弗失之矣。"颜回这个人，他选择了中庸之道。中庸之道是最平常的道，离我们每个人都不遥远，也就是凡事由自己的良知出发。颜回坚定地选择中庸，这就是找到了把柄。"得一善"，是在某一件具体的事情上体悟到了合于良知的处理方式。比如以前和老师相处总觉得与自己的良知有所出入：有时候过于尊敬老师，就显得太拘谨，气氛有些尴尬；有时候和老师相处过于轻松，总觉得敬意不够。突然有一段时间，体验到了和老师相处完全合于良知的一种方式。这就是得一善。颜回择乎中庸，在生活中处处留心，把中庸之道充实到他生命中每一个角落。其方法就是"得一善，则拳拳服膺而弗失之矣"。这和心斋先生把"此学"作为把柄，随时随地、无入不是此学一致；这与阳明先生把良知作为把柄，"念念致良知"一致。"把柄"一词的功夫趋向就在于"得一善则拳拳服膺"，就在于"择善而固执之"。

当然"学""知行传""良知""中庸""仁"这些概念都是对本体、对道的描述。概念不同只是因为描述的角度不同，而所指出的那个本体是同一个。

3. 心斋说："出则为帝王师，处则为天下万世师。"时局不同，心斋先生所呈现出的样子不同，但就心斋先生自己来说，功夫没有什么不同，所谓"其道一也""其揆一也"，也就是牢牢抓住把柄不失去。所以心斋只是抓住把柄，至于王者来取法，那是"莫之为而为，莫之至而至"的。孔子说："君子无终食之间违仁，造次必于是，颠沛必于是。"孔子的把柄就是"仁"，孔子没有一顿饭的实践违背"仁"，造次颠沛都完全在这个"仁"上。孔子"发愤忘食，乐以忘忧，不知老之将至"也是此意。

第十一章　善　教

一、"教不倦，仁也。"① 须善教，乃有济。故又曰："成物，智也。"②

今译

"教人不知道疲倦，这是有仁爱心。"必须善于教人，才能有用。所以又说："成就别人，这是智慧。"

简注

①《孟子·公孙丑》："昔者子贡问于孔子曰：'夫子圣矣乎？'孔子曰：'圣则吾不能。我学不厌而教不倦也。'子贡曰：'学不厌，智也；教不倦，仁也。仁且智，夫子既圣矣。'"

《论语·述而》："子曰：'默而识之，学而不厌，诲人不倦，何有于我哉？'"。

②《礼记·中庸》："诚者自成也，而道自道也。诚者物之终始，不诚无物。是故君子诚之为贵。诚者非自成己而已也，所以成物也。成己，仁也；成物，知

也。性之德也，合外内之道也，故时措之宜也。"

| 实践要点 |

1. 分开说，仁和智是并列的；合着说，仁则涵盖智，所谓"仁包四德"，即是说，仁涵盖仁义礼智四种德行。

一个真正有仁爱心的人，他发现自己教得不好，他发现学生学得不顺利，必然会去琢磨改进教法。如果他连花心思琢磨教法的意愿都没有，那说明他的仁爱心还不够。这就是仁涵盖智的面向。

2. 很多家长非常希望孩子学业好，他也很用心地去教孩子。但是孩子有一点错误，他就缺乏耐心，粗暴地责罚孩子。他明明是不够爱孩子，他的仁不足以让他耐着性子教育孩子，却要说："我打你都是为了你好，是因为我爱你，我对你负责。"这明明是仁爱心不足，反倒说成是出于仁爱心。这是自己骗自己。

3. 心斋说，不善教，那是不智。要是不去钻研教法，没有足够耐心，再怎么仁爱，也无济于事。另一个方面，从仁包四德的角度看，如果我们不善教，必然是我们的那个仁不足。仁不足，那么我们教人必定容易厌倦。

4. 虽然说仁是根本，但是我们实际做功夫的时候，只想着仁，很容易认不仁为仁。比如第二点中，那个自己骗自己的家长，明明是没有耐心，仁心不足，却错认自己为仁。有时候，我们专注于教法，专注于怎么样把孩子教好，在这个过程中，我没有想到仁，但每一个念头、每一个专注用心的眼神，都是满满的仁爱。这就是心斋先生把教学的态度（教不倦，仁）和教学的方法（善教，智）分开说的意义。

二、学讲而后明，"明则诚矣"①。若不诚，则是
不明。

| 今译 |

学问讲了之后，人才能明白；"人明白了，才能做到诚"。如果做不到诚，那
就是不明白。

| 简注 |

①《礼记·中庸》："自诚明，谓之性；自明诚，谓之教。诚则明矣，明则
诚矣。"

| 实践要点 |

1. 讲学，是发明本心，让人真实地把握自己。孩提都知道依恋父母，这是
人的本性。后来，人执迷不悟，通过讲学，可以让人找到赤子之心，让人体会到
孩提时父慈子孝的感受。这时候，你不让人行孝，人也要行孝。这个行孝是极为

真诚的，这就是明则诚矣。

2. 如果我知道要行孝，但是我行孝的时候始终觉得窒碍，觉得不能表里如一。我行孝是刻意为之的，而不是自然而然、发自我的诚心的，这就说明我还没有真的"明"。真的"明"了，那么人心就仿佛回到孩提时候，那种与父母的亲密、对父母的信赖是沛然莫之能御的。所以心斋先生说："若不诚，只是不明。"孟子说："大孝终身慕父母。五十而慕者，予于大舜见之矣。"大孝之人，一辈子爱慕父母，五十岁还爱慕父母的，我在大舜身上看到了。大舜终身不失去赤子之心，其爱慕父母，是诚心所发、自然而然的。

3. 《中庸》："自诚明，谓之性；自明诚，谓之教。诚则明矣，明则诚矣。"人如果由天生的本性而行，依赤子之心而行，人生会活得很明白，这就是"性"；如果通过讲学而明白，进而言行合于道义并且完全真诚，这就是"教"。无论是由本性而达到的诚明，还是由讲学而达到的诚明，其结果都是一致的，即：人合于本性地、毫无遮掩地展开其生命。

> 三、容得天下人，然后能教得天下人。《易》曰："包蒙，吉。"①

| 今译 |

能容得下天下的人，然后才能教得了天下的人。《周易·蒙卦》讲："包含蒙昧之人，这是吉兆。"

| 简注 |

①《周易·蒙卦》九二爻："包蒙吉，纳妇吉，子克家。"

| 实践要点 |

1. 我们与世人并立在天地之间，有一些人看不到人生的真相，找不到生命的正道，所以活得非常痛苦。他们的存在，对我们来说，是可悲可悯的。梁漱溟先生说过，人有"机械性"，人由于其从小到大的生活环境、道德环境，变成他现在这个样子，就仿佛是机器中的一个零部件。人作恶有其不由自主的一面，这是非常可悲的。体认到人的这种机械性后，我们便会对世人有一种巨大的悲悯。他越是深陷于恶，我们越是想拉他一把。如果我们持这样的态度，那么我们的一言一行，对他来说都是善意的，我们会增加他对善的信心、减低他对恶的"机械性"的依赖。这样教人，那么我们起心动念全是仁心。

2. 我们起心动念一旦不由仁爱，而由私心，那么我们就不可能说服一个人了。我们必是要如同"去除自己身上的毛病"一般去教别人去"去除身上的毛病"，才能真正教会一个人。我教一个人，这就意味着我和你一起变好，我和你是一根绳上的蚂蚱。我和你的差别不是一个好、一个不好，只是一个先变好，一个后变好。

弟子学不好，那是老师的功夫还有欠缺。教一个人，不能是一副"我自己在岸上稳稳站着，把你从水里捞出来"的样子。这副样子绝对无法教好一个人。

3. 包蒙，包涵天下需要教化之人，这不是居高临下的一种"我不和你计较"，而是与他在"同舟共济"的关系下的一种宽和的态度。这个包容，不是忍耐、不发火，而是带着巨大的仁爱心与耐心去帮助别人，"诲人不倦"，"人不知而不愠"，"不患人之不己知"。我与天下人不是面对面的，而是面朝一个方向。全世界都往一个方向前进。这是《礼记》中所说的："欲民之有一也。"希望人民有同一个去向（去向至善）。先知先觉者和后知后觉者，都是通向至善道路上的同路人。

心斋先生的弟子王一庵先生说："古人好善恶恶，皆在自己身上做功夫；今人好善恶恶，皆在人身上作障碍。"古人好善恶恶，是天下人一同远离恶、去往善。现在人好善恶恶，则是相互指责，而不知道自反，于是彼此隔膜。原本是至善路上的同行者，而今却成了彼此障碍者。

4. 心斋讲自尊自重、尊道尊身，讲"出为帝王师，处为天下万世师"，又讲"容得天下人才能教得天下人"。所以心斋展现出来的气象是温柔敦厚、涵洪包容的，绝非是盛气凌人的。

四、善者与之，则善益长；恶者容之，则恶自化。

善的方面去认可它，那么善就会更为增长；恶的方面去包容它，那么恶就会自己化解。

| 实践要点 |

1. 这段话的前提是自己对自己有个高的要求，凡事以道义要求自己。在这个基础上，我去认可一个人的善，对他才有鼓励作用；我去包容一个人的恶，他才能够知耻而后勇，努力改过。

2. 教一个人，只是在唤醒这个人的良知。归根结底，只是每个人的良知发挥作用，自发地去为善去恶。如果一个人的内在良知没有被激发起来，这时候为善便是做给别人看，按照别人的要求做。这样为善，并不会积累德行（所谓"集义"），还有可能在积累埋怨。所以说："有意为善亦是恶。"

五、教子无他法，但令日亲君子而已。涵育薰陶①，久当自别。

教育孩子没有别的办法，只是让他每天和君子亲近而已。每天受到君子的涵养熏陶，久而久之，自然和寻常孩子有差别了。

① 朱子《孟子集注》："养，谓涵育熏陶，俟其自化也。"

1."日亲君子"，是感应之道。君子，对道义有感触，对小聪明没有兴趣。当一个人与君子相处的时候，他看到一个低俗的笑话，讲出来，君子不会觉得好笑，不会和他一起笑。这就是"有感无应"，这个"感应"就不能实现。当一个人听到邻居彩票中了两千万，心中或是跃跃欲试，或是后悔惋惜，或是愤愤不平……总之百感交集。如果别人和他一同百感交集，那么他们之间的气息就在这个频率上"相感应"。而当他和一个君子在一起，君子对彩票中奖的事情毫不关心，心中不起一点波澜，那么他和这个君子的气息就不会在那个频率上"相感应"。

人如果总在人欲上感应，一言一行便会透露出人欲的气息；人如果总在君子之道上感应，那么言行自然合于道义。这是"日亲君子"能变化气质的原因——

日亲君子可以影响自己的感应。

2. 儒家讲的教育，总是让人自己变化。涵养薰陶是外力，其目的也还是让人自己转化。朱子在解释"中也养不中"的时候说："养，谓涵育薰陶，俟其自化也。"（"中也养不中"，即言行合于中道的人去涵养不合中道的人。朱子的注解，意思是："养的意思就是涵育薰陶，等待人自发地变化气质。"）

六、爱人直到人亦爱，敬人直到人亦敬，信人直到人亦信①，方是学无止法。

| 今译 |

对别人仁爱，直到别人也仁爱；对别人有敬意，直到别人也充满敬意；对别人忠信，直到别人也忠信。这才是学无止境之道。

| 简注 |

①《孟子·离娄》："君子所以异于人者，以其存心也。君子以仁存心，以礼存心。仁者爱人，有礼者敬人。爱人者，人恒爱之；敬人者，人恒敬之。"

▎ 实践要点 ▎

/

1. 这是自反之道。如果我对别人仁爱，他却对我满心的意见。那很有可能我的仁爱心还不纯。在我对他好的时候或许还有一个彰显自我、表现自己的德行的心。这一点或许让人反感。在我对别人仁爱，得不到别人的回应时，我们便可以自反。爱人直到人亦爱为止。孟子说："行有不得者皆反求诸己。"我的仁爱得不到他人的回应，这就是行有不得；返回自身找原因，这就是反求诸己。

2. 这是超越人我界限的功夫。我爱人，固然是在发挥自己的仁爱心，固然有利于自己德行的成长；但是还须明白，我真的对别人好、真的爱人，那一定要让他也变得有仁爱心。我们孝顺父母，不是所有事情都顺着他，一切老人家的坏毛病都惯着他——这不会让他们幸福。真正孝顺父母，是要让父母也有好的品性、好的人生态度，这才能活得幸福。所以"爱人直到人亦爱"是一种感化的功夫，而不是只为了自己的修身。爱人、敬人、信人，直到别人也成为一个爱、敬、信之人。这就是传道。这里没有人我之别，只有让道义充满整个宇宙，充斥每个人心中。

3. 因为这是自反的功夫，这也是传道。所以天下有一人不得其所，这个功夫就不会停下。这是终身行之的事情。如曾子所说的"任重道远"："仁以为己任，不亦重乎，死而后已，不亦远乎。"仁者爱人，仁以为己任，便是去爱人，并且爱人直到人亦爱。

七、君子之道，"以人治人，改而止"①；其有未改，吾宁止之矣？若夫讲说之不明，是己之责也；引导之不时，亦己之责也；见人有过而不能容，是己之过也；能容其过而不能使之改正，亦己之过也。欲物正，而不先正己者，非大人之学也。故"诚者，非自成己而已也，所以成物也。成己，仁也；成物，智也，性之德也，合外内之道也，故时措之宜也。"②是故君子"学不厌而教不倦"③，如斯而已矣。

｜ 今译 ｜

君子之道，是"以自己作为榜样，去治理别人，直到他改正为止"。如果别人还没有改正，我又怎么能放弃呢？道理没有讲解明白，是我的责任；引导没有顺应时机，也是我的责任；看到别人有错而不能包容，是我的过错；包容他的错误却不能使他改正，也是我的过错。如果想要别人改正，不先去端正自己，这不是大人之学。所以"'诚'不止是成就自己，也是通过成就自己来成就他人。成就自己是仁爱心的表现，成就他人是智慧的表现。仁爱心和智慧是人本性所具备的德行，是涵盖了内在的自修之道和外在的教人之道的。所以我们时时刻刻做这样的功夫是很合宜的。"所以君子"学习永远不会觉得满足，教人永远不会觉得疲倦"，正是这个原因。

①《礼记·中庸》:"子曰:道不远人,人之为道而远人,不可以为道。《诗》云:'伐柯伐柯,其则不远。'执柯以伐柯,睨而视之,犹以为远。故君子以人治人,改而止。忠恕违道不远,施诸己而不愿,亦勿施于人。"

②《礼记·中庸》:"诚者自成也,而道自道也。诚者物之终始,不诚无物,是故君子诚之为贵。诚者非自成己而已也,所以成物也。成己,仁也;成物,知也。性之德也,合外内之道也,故时措之宜也。"

③《孟子·公孙丑》:"昔者子贡问于孔子曰:'夫子圣矣乎?'孔子曰:'圣则吾不能。我学不厌而教不倦也。'子贡曰:'学不厌,智也;教不倦,仁也。仁且智,夫子既圣矣。'"

| 实践要点 |

1. 这段话是心斋先生五十四岁时所写。当时,心斋先生的东淘精舍刚建成(在今天的东台安丰镇),四方学者聚在一起学习。当时出现了一个问题:"在学诸友气未相下"。按照孔子的说法,儒者应该是"相下不厌"的(相互谦虚,相互讨教学习,不会觉得自满厌倦)。于是心斋先生就写了一篇《勉仁方》,贴在墙壁上。这段文字正是节选自《勉仁方》。

2. 这段话,文字浅白,但是意味深厚,值得长久玩味。这段话可以作为学友相处的准则,可以作为老师的自我要求。学者反复朗读以至于成诵,便能在无形之中影响自己的气息。

> 八、不面斥朋友之失，而以他事动其机，亦是成物
> 之智^①处。

｜ 今译 ｜

不当面指责朋友的过失，而是在其他的事情上触动他心中的机关，这也是成就别人的智巧之处。

｜ 简注 ｜

①《礼记·中庸》："诚者自成也，而道自道也。诚者物之终始，不诚无物，是故君子诚之为贵。诚者非自成己而已也，所以成物也。成己，仁也；成物，知也。性之德也，合外内之道也，故时措之宜也。"

｜ 实践要点 ｜

1."不面斥"，不当面指责，不是那么容易的事情。

如果我对一个人不那么关心，他的德行好坏，我不太在意。这种情况下，

不当面指责一个人很容易。但这显然不是这里要讨论的问题。如果我们面对自己的孩子，看到孩子犯了错误，我们能够"不面斥"，这才是我们这里要讨论的。

2. 有一种流俗的见解：正是因为我太爱孩子了，爱之深，责之切，所以见到孩子有问题，我常常不能顾及方式方法，往往忍不住自己的气愤，在不恰当的时候当场训斥孩子。怎么做呢？可以忍耐忍耐，不那么急，憋憋气，事缓则圆。在这种见地之下，对孩子的仁爱和做事情的智慧（或者说情和理）就成了对立的东西。为了做到合理，我就要压抑对孩子的感情。这其实是对仁爱心和智慧的双重误解。

3. 正是因为我的仁爱心不够，我才不能看到孩子的整个人生，才只看到孩子的一个片面——这个片面不合我的心意，我便忍不住做出不合时宜的训斥；正是因为我的仁爱心不够，我才没有充分的耐心，和孩子站在一起，花很大力气解决他眼下的问题；正是因为我的仁爱心不够，遇到问题我才总是只去归咎孩子，不去自反自省。

4. 一个有担当的人，他对自己的一切都有个掌握，他做事情的时候会考虑到一切可能的闪失。一旦出现问题，他可以冷静迅速地应对、调整，而不会手足无措、埋怨别人、大发雷霆。他是个运筹帷幄的首领，而不是气急败坏的暴君。很多人，在工作中是运筹帷幄的样子，而在家中，简直如同暴君一般。他整个担起了工作，却没有整个担起家庭。心斋先生说："以天地万物依于己，不以己依于天地万物。"而担起天地万物，恰恰是要先做好父母，做好子女，担起家庭。或者说，先做好泰州学派所强调的"孝、悌、慈"。

九、有别先生者，以远师教为言。先生曰："涂之人
皆明师也。"①得深省。

| 今译 |

有和王心斋先生分开的人，临走的时候说起以后就要远离老师的指教了。心斋先生说："路上的人都是明师。"那个人得到了很深的启示。

| 简注 |

①《孟子·告子》："夫道若大路然，岂难知哉？人病不求耳。子归而求之，有余师。"

| 实践要点 |

1. 孟子说："夫道若大路然，岂难知哉？人病不求耳。子归而求之，有余师。"

儒家的道，不是曲折深邃的小路，而是一条坦荡的大路。泰州学派的功夫，就在百姓日用中做。所以道像大路一样，人人都知道。问题在于，很多人不愿意

在这条大路上走。曹交想要拜孟子为师，孟子则说："你回去，有的是老师。"差的并不是老师，而是一颗向学的心。如果有一颗向学的心，天地万物无一不在教育着我们。

2. 和师友在一起，便有个修身的氛围，在这个氛围中，人自然对自己要求高一些。离开师友的辅佐，自己的气象、功夫，都有可能下降。这是一个方面。

另一个方面，如果自己不把修身当一回事，即便在师友身边，也如同在众人之中；如果随时随地都对自己有个要求，拿孔子的教训规范自己，那么一辈子都如同在孔子身边。

有人在讲会结束之后问罗近溪先生："我离开了您，该怎么提振自己呢？"罗近溪回答说："如果你每天都如同在讲会中那么要求自己，每次讲会都如同这次一样，那么你就相当于一辈子都在参加我的讲会了。"这个故事亦是此意。

十、有学者问"放心难求"①，先生呼之，即起而应。先生曰："尔心见在，更求何心乎？"

| 今译 |

有学生问心斋一个问题：心总会放驰，很难找回来。心斋先生叫了一声这位学生的名字，这位学生随即站起来答应。心斋先生说："你的心现现成成的就在眼前，还要去哪里找回来呢？"

简注

①《孟子·告子》："仁，人心也；义，人路也。舍其路而弗由，放其心而不知求，哀哉! 人有鸡犬放，则知求之；有放心而不知求。学问之道无他，求其放心而已矣。"

实践要点

人心总在奔驰，做学问就是要找回那颗放逸奔驰的心。理解这个问题，关键不在思辨，而在于体认。心斋先生不去就道理本身分析，而是直接给学生揭示出，要求的心不在其他地方，正是现在问问题的这颗心。这就是心斋先生常用的"当机指点"。《礼记·学记》说："当其可之谓'时'。"这个"时"，也就是当机，或者叫"对机"。在当机的时候，学生的心恰好和所问的问题在同一个频道上，这时候给学生指出，便能事半功倍；否则学生的学习将"勤苦难成"，将"只知其难，不知其益"。

第十二章 安 身

一、（1）问"止至善"①之旨。

（2）曰："'明明德'以立体，'亲民'以达用，体用一致，阳明先师辨之悉矣。"②

（3）"但谓'至善为心之本体'，却与'明德'无别，恐非本旨。"

（4）"尧舜执中之传③，以至孔子，无非明明德亲民之学。独未知'安身'一义，乃未有能止至善者。

（5）故孔子悟透此道理，却于明明德亲民中，立起一个极来，又说个'在止于至善'。

（6）'止至善'者，'安身'也，'安身'者，立天下之大本也。本治而末治，正己而物正也，大人之学也。

（7）是故身也者，天地万物之本也。天地万物，末也。知身之为本，是以明明德而亲民也。身未安，本不立也。'本乱而末治者否矣'④，本乱末治，末愈乱也。故《易》曰：'身安而天下国家可保也。'⑤

（8）不知'安身'，则明明德、亲民却不曾立得天下国家的本，是故不能主宰天地、斡旋造化。立教如此，故'自生民以来，未有盛于孔子者也'。"⑥

| 今译 |

（1）学生问心斋"止于至善"的意思。

（2）心斋先生说："'明明德'，是树立本体，'亲民'，是达致发用。本体和发用是一致的。这一点，我去世的老师阳明先生已经辨析得非常详尽了。"

| 简注 |

① 《礼记·大学》："大学之道，在明明德，在亲民，在止于至善。"

② 阳明解释"明明德"、"亲民"关系的文字很多，此处仅举出最为人所熟知的《传习录》的第一条：

爱问："'在亲民'，朱子谓当作新民。后章'作新民'之文似亦有据。先生以为宜从旧本'作亲民'，亦有所据否？"先生曰："'作新民'之'新'，是自新之民，与'在新民'之'新'不同。此岂足为据？'作'字却与'亲'字相对，然非'亲'字义。下面'治国平天下'处，皆于'新'字无发明。如云'君子贤其贤而亲其亲，小人乐其乐而利其利''如保赤子''民之所好好之，民之所恶恶之，此之谓民之父母'之类，皆是'亲'字意。'亲民'犹孟子'亲亲仁民'之谓，亲之即仁之也。百姓不亲，舜使契为司徒，敬敷五教，所以亲之也。尧典'克明峻德'便是'明明德'。'以亲九族'，至'平章''协和'，便是'亲民'，便是'明明德于天下'。又如孔子言'修己以安百姓'，'修己'便是'明明德'，'安百姓'便是'亲民'。说亲民便是兼教养意。说新民便觉偏了。"

1. 根据阳明的解释，"明德"就是人心中本有的良知，"明明德"就是把良知发挥出来，依照良知而行。也就是在自己身上"存天理，去人欲"。比如见到父亲，良知自然知道要尽孝，那就去尽孝，这就是明明德。明明德的过程也就是亲民。因为只要我们显明我们的明德，我们就在亲爱身边的人，同时也在感化身边的人。

2. 朱子认为亲民应该作"新民"，也就是更新人民、"教"人民。而阳明则认为亲民既是感化人民（教），又是亲爱人民（养），并且首先是亲爱人民（养）。所以阳明认为自己对亲民的解释是"兼教养义"，而朱子则偏于教。

3. 同时，按照阳明先生的解释，明明德和亲民是同一件事，在朱子那里则是两件事。明明德是从这一件事情的根子上来说，亲民是从这件事的效用上来说。而"止于至善"，在阳明看来就是明明德做到极致，也就是亲民做到极致，所谓"明德亲民之极则"。

｜ 今译 ｜

（3）"但是阳明老师说'至善是心的本体'，和'明德'的意思没有区别，恐怕这不是《大学》的本意。"

（4）"尧舜圣圣相传的'允执厥中'，一直到孔子，传的无非是明明德亲民之学。唯独没有提到'安身'这一层意思，所以孔子以前都没有止于至善的功夫。"

（5）"所以孔子悟透了这个道理，在明明德亲民的基础上，确立起了一个要点，也就是'在止于至善'。"

/

③《尚书·大禹谟》："人心惟危，道心惟微；惟精惟一，允执厥中。"

| 实践要点 |

/

1. 按照阳明的解释，明德是本体。明明德是树立、彰明本体。而明明德到极致，就是至善。所以至善也是本体。这样明德与至善的意思就是一样的。

2. 心斋先生认为尧舜以来，儒家都在讲这个体用一源的学问，讲一个明德亲民的本体。而到了孔子，在这个明德亲民之学的基础上，儒学开出了"安身"的面向，也就是"止于至善"的面向。在心斋看来，孔子开展出儒学的新面向，也就"安身"，也就是"止于至善"。止至善具体是何意呢？且看下文。

3. 泰州一系，认为《大学》是孔子所发明，由曾子所传承，而非直接由曾子所创作。理由是，心斋、近溪认为除了孔子，没有人能说出如此的义理。这个理由并非是推理论证，而是一种内在的、在外人看来有些神秘的"体认"。

| 今译 |

/

（6）"'止至善'的意思就是'安身'，'安身'的意思就是树立天下的根本。根本合于明德，枝叶也合于明德，通过端正自己来端正他人，这是大人的学问。

（7）所以我们的身是天地万物的根本，我之外的天地万物则是末梢。知道己身是根本，因此我只去明自己的明德，同时也就做到了亲民。如果己身没有先得到安顿，根子就没有确立稳当。'根子乱的，末梢能调治好是不可能的'，如果根子先没有确定，就去调治末梢，那么越调治就越错乱。所以《周易》说：'己身真正安顿好了，天下国家都可以保全了。'"

| 简注 |

④《礼记·大学》："其本乱而末治者，否矣。其所厚者薄，而其所薄者厚，未之有也。此谓知本，此谓知之至也。"

⑤《周易·系辞》："君子安而不忘危，存而不忘亡，治而不忘乱，是以身安而国家可保也。"

| 实践要点 |

心斋先生说的"安身"，并非是安顿好我自己个人的身。大学是大人之学，大人就是与天地万物普遍关联的人。对于小人来说，别人人生困顿了，与我无关；而对大人来说天下有一人不得其所，都与我息息相关。天地万物便是一个有机的生命体。这个万物整体就如同一棵大树。从我的角度看，因为我担负天地万物，那么这棵树的根子就在我身上，而这棵树的末端、枝叶，就是家国天下。所以说，身心家国天下是一体之大身，而此大身的根本是吾身。安身就是把握自己在天地万物中的位置，全然承当自己的身份，让这棵大树生生不息。

具体到功夫论上，心斋告诉我们：

1. 阳明说明明德是本体，亲民是发用。明明德、亲民在实际做功夫上是一回事，也就是实实在在发挥自己的良知。比如见到父亲，我就知道要孝顺。见到弱者受到欺凌，我的良知就发动了，我就去帮助弱者。见到地上有垃圾，我的良知发动了，我就去捡起来。

2. 我们在世上致良知，有那么多事情要我们去致良知，我先去致哪一个良知呢？难道说我良知在哪里发动我就去致那里的良知吗？我在路上遇到一个走失的痴呆老人，我带他去找家人，一去便是半个月，这半个月，我落下了不少事情。

如果把止于至善解释为明明德亲民的极致，那么初下手做功夫时，是很难措手的，不知道该如何做。

3.《大学》讲"物有本末"：身为本，然后是家，然后是国，然后是天下。所以明明德，首先当在己身上做。先安顿好己身，而后再推及家国天下。这也是人情之自然。对我们恩情最为重的，莫过于父母，很多人，在父母这件事上先不去致良知，却先在工作上、男女朋友上致良知。这会导致本乱而去治末的情况。这种情况十分危险，也十分常见。

很多人原生家庭并不理想，父母对子女就比较功利、刻薄。等到子女长大了，一方面也有很深的功利心，不那么重感情，另一方面，有要改变自己的意愿。所以他在学校中、在单位中、在和父母分开的场合中尽力去致良知，去做君子，不计较、不贪小便宜、讲道义、待人热心。这时，身边的人也这么认定他，他自己也这么认定自己。可是，一回到家中，过不了几天，立刻透露出功利、刻薄。这会让他非常痛苦。

他三十岁的年纪，大部分生命是和父母度过，父母是他最重要的人（"这是厚"）。而他改变人生的努力只落脚在认识一两年的同事身上（这是"薄"），连他的老同学见到他，还是用原来的方式与他相处。一个人在厚的方面摆脱不了过去的恶习，而要在薄的方面重新安身立命，他就仿佛放弃了不美满的大陆，而乘坐一艘新的小船，去海上重新开始他的人生。这就是大学所说的"其所厚者薄，而其所薄者厚，未之有也"。

4. 所以，阳明先生的《大学》解释，其修行上的导向是：我们每一个念头都去致良知，念念存天理。而心斋先生的《大学》解释，其修行上的导向是：我们先在自己身上去致良知。有的念头暂时放过，有的念头绝不放过，要有个轻重厚薄。所以阳明的《大学》要我们持志如心痛，把握每一个当下；而心斋的《大学》要我们先知道己身在天地中的位置。

| 今译 |

/

(8)"不知道'安身'，那么做明明德、亲民的功夫，却没有树立己身为天下国家的根本，所以我们就不能主宰天地、掌握造化。而孔子讲出个'止至善'（'安身'），如此立教。所以说'从有人以来，没有比孔子更盛大的了'。"

| 简注 |

/

⑥《孟子·公孙丑篇》："出乎其类，拔乎其萃，自生民以来，未有盛于孔子也。"

1. 对阳明《大学》而言，我只要在事上去致良知，致良知于事事物物就好。究竟遇到什么事，这是由上天决定的。不管遇到什么事情，我都是发挥自己的良知。

2. 对心斋《大学》而言，我首先在己身密切相关的事情上致良知，抓大放小，该轻的轻，该重的重。自己是根本，家国天下是末，先本后末。所以心斋是有选择地去致良知。

3. 以下棋为喻，阳明下棋，核心在于没有意必固我，只是一颗纯明的心去应对，步步为营。心斋下棋，则是从第一步开始就布局全局。所以心斋说这种理解下的《大学》可谓掌握了天地的主宰，斡旋着造化。当然，心斋觉得这是《大学》的本意，并非自己的借题发挥。

4. 就字面上看，"至善"，阳明理解为本体，理解为明德和亲民的极致。而心斋则理解为己身在天地间最好的位置。心斋认为《大学》中"为人君止于仁，为人臣止于敬，为人子止于孝，为人父止于慈，与国人交止于信"就是说"止至善"。这些都是在说把握住己身的身份。例如，作为一个父亲，首先做到慈爱孩子，这就是安身，安顿己身。所以说，阳明理解的"至善"是人的本性，是绝对的本体；而心斋理解的至善是己身在天地间的最好的位置。心斋认为《大学》中"《诗》曰：'缗蛮黄鸟，止于丘隅'，子曰：'于止，知其所止，可以人而不如鸟乎？'"就是说"止至善"。鸟恰如其分地停在它的位置上，这就是安身。孔子说，在知道止这件事情上，知道止于当止之地，人难道还比不上鸟吗？所以至善之地，也是天地对万物最好的安顿。心斋说"安身"，也就是安于天地对己身的安排。

> 二、修身，立本也；立本，安身也。引《诗》释"止至善"曰："缗蛮黄鸟，止于丘隅"，知所以安身也。孔子叹曰："于止，知其所止，可以人而不如鸟乎？"① 要在知安身也。《易》曰："君子安其身而后动。"② 又曰："利用安身。"③ 又曰："身安而天下国家可保也。"④ 孟子曰："守孰为大？守身为大。失其身而能事其亲者，吾未之闻。"⑤ 同一旨也。

| 今译 |

修身，就是要树立人生的根本；树立根本，就是要安顿己身。《大学》引用《诗经》来解释什么是"止于至善"。《诗经》说："鸣叫的黄鸟，停在小丘的一角"，黄鸟是知道安身之所的。孔子感叹道："在止这件事上，知道要停止在什么地方，人难道还能比不上鸟吗？"关键就在知道安身。《周易》说："君子先安身，然后再有所作为。"又说："顺着宇宙的流行发用，安顿好自己的人生。"又说："己身安顿了，那么天下国家也就得以保全。"孟子说："人生的诸多坚守之中，哪一个最为重大？守身最为重大。如果不能安顿好己身，却能侍奉好父母，我没有听说过这种事情。"

———/———

①《礼记·大学》："《诗》云：'绵蛮黄鸟，止于丘隅。'子曰：'于止，知其所止，可以人而不如鸟乎？'"

②《周易·系辞》："子曰：'君子安其身而后动，易其心而后语，定其交而后求。君子修此三者，故全也。危以动，则民不与也；惧以语，则民不应也；无交而求，则民不与也；莫之与，则伤之者至矣。《易》曰："莫益之，或击之，立心勿恒，凶。"'"

③《周易·系辞》："尺蠖之屈，以求信也；龙蛇之蛰，以存身也。精义入神，以致用也；利用安身，以崇德也。过此以往，未之或知也。穷神知化，德之盛也。"

④《周易·系辞》："子曰：'危者，安其位者也；亡者，保其存者也；乱者，有其治者也。是故君子安而不忘危，存而不忘亡，治而不忘乱，是以身安而国家可保也。《易》曰："其亡其亡，系于苞桑。"'"

⑤《孟子·离娄》："事，孰为大？事亲为大。守，孰为大？守身为大。不失其身而能事其亲者，吾闻之矣；失其身而能事其亲者，吾未之闻也。"

| 实践要点 |

———/———

1. 安身（止于至善）并不难做到，它是功夫的下手处。人在天地之间本有一个妥善的安排，所以安身只是安于天地的安排。心斋说，圣人就是肯安心的常人，常人就是不肯安心的圣人。人人都可以为尧舜，关键就在能否安身。安身并不难，不安身不是因为做不到，而是不愿意做。鸟都可以做，更何况人呢？

2.《周易》说："精义入神，以致用也。利用安身，以崇德也。"精义入神，即是对自己的心灵有个极为精细的把握，使得心灵完全合于道义。这时候我的心和天地之心（也就是纯然至善的仁心，也就是绝对的天地精神）就完全一致了。这就是精义入神——精察此心，使之纯乎道义，如此天地精神便贯穿入我之心灵。儒家讲致用，并不是在外在的事功上求功用，只在自己心中精义入神。自己的心纯乎天理，而无一毫人欲，那么我以这颗心来做事情，自然能够发而中节。此即"精义入神，以致用也"。这个用，不是人为去求的事功，而是天地造化的妙用。如我精义入神，则见父自然知孝。知孝，进而父慈子孝，家庭和睦，这就是致用。这个致用，不是我的私心发挥的作用，而是我的良心发挥的作用，是天地精神发挥的作用，是天地对我们做出的最好的安排。这就是发而中节之和。

"利用安身"的用，就是"致用"的用，也就是天地对我们最好的安排，也就是"止于至善"的至善之地。利就是顺的意思，利用就是顺着天地对我们最好的安排，就是"止于至善"，就是"缗蛮黄鸟，止于丘隅"，就是安身。我们崇尚道德，落实在行动上，正是要止于至善之地，顺于天地对我们的安排（"天命之谓性"，也就是顺着本性），所以说"利用安身，以崇德也"。

三、立本，安身也。安身以安家而家齐，安身以安国而国治，安身以安天下而天下平也。故曰："修己以安人，修己以安百姓"①，"修其身而天下平"。不知安身，便去干天下国家事，是之谓失本。就此失脚，将烹身割股②，饿死③结缨④，且执以为是矣。不知身不能保，又何以保天下国家哉？

| 今译 |

/

树立人生的根本，就是要安顿好己身。通过安顿己身来安顿家庭，那么就能做到《大学》所说的"家齐"。通过安顿己身来安顿邦国，就可以做到《大学》所说的"国治"。通过安顿己身来安顿天下，就可以做到《大学》所说的"天下平"。所以说："通过修己来安顿他人，通过修己来安顿百姓"，"修己身，以至于天下太平"。不知道安顿己身，便要去做天下国家的事情，这是做事失去了根本。在这一点上做错了，很有可能作出割股事亲、不食周粟、结缨而死的事情，并且认为这是正确的。殊不知，己身不能保全，要拿什么来保护天下国家呢？

| 简注 |

/

①《论语·宪问》："子路问君子，子曰：'修己以敬。'曰：'如斯而已乎？'

曰：'修己以安人。'曰：'如斯而已乎？'曰：'修己以安百姓。修己以安百姓，尧、舜其犹病诸！'"

② 烹身割股：指传统故事中，割股奉母的愚孝故事。孝子郑兴，自幼很有志向，终日勤劳耕作，侍奉父母，但家境贫寒。父亲去世后，郑兴守孝三年。母亲久病不愈，郑兴服侍床前，从不解衣，不离母亲半步。母亲想吃肉丸汤，郑兴因无钱买肉，于是割下自己的肉煮汤奉母。

③ 饿死：指的是伯夷叔齐不食周粟的故事。武王伐纣成功，天下一统为周。伯夷、叔齐是殷商的臣子，两人决心不做周臣，不食周粟。最后饿死在首阳山。

④ 结缨：子路在战争中，帽缨被割断了，于是子路说："君子死，冠不免。"死前最后一刻把帽子戴好，"结缨而死"。之后子路的尸体被蒯聩之党剁碎。

| 实践要点 |

1. 安身何以能安家？

心斋所说的身，是身心家国天下一体的身。这个身，就是作为儿子的父亲、妻子的丈夫、弟弟的兄长、父母的儿子的这么一个身。而安身，就是安顿好作为父亲、丈夫、兄长、子女的自己，也就是止于慈爱孩子、止于爱护妻子、止于帮扶弟弟、止于孝顺父母。也就是止于至善之地。所以安身同时也就是安顿这个社会。

2. 在心斋看来，己身和天下国家是一体的，而非冲突的。不需要毁伤己身来保全大身（比如割股事亲）。心斋讲"明哲保身"，保的是一体的大身，而这个大身的根子是己身。所以心斋的功夫导向是爱身、惜身，自尊自重。这种爱惜己身，不是自私自利，而是因"任重而道远"，所以不得不爱惜。爱惜己身，目的是为了保全万物一体之大身。

四、知本，"知止"也。如是而不求于末，"定"也；

如是而天地万物不能挠己，"静"也；

如是而"首出庶物"①，至尊至贵，"安"也；

如是而知几先见②，精义入神③，仕止久速④，变通趋时，"虑"也；

如是而身安如黄鸟⑤，"色斯举矣，翔而后集"⑥，无不得所止矣，"止至善"也。

| 今译 |

知道身为本，就是"知止而后有定"的"知止"。知道身为本，家国天下为末，那么我们遇到事情只在根本上求，不在末端上求，这就是"定"。

只在自己身上求，那么天地万物都不能扰动自己，这就是"定而后能静"的"静"。

如此一来，天地万物都由此生出，这是最为尊贵的。这就是"静而后能安"的"安"。

安于乾道了，然后就可以做到对事情的精微之处有感知，从而有先见之明；就可以做到精义入神。当做官就做官，当退隐就退隐，当快就快，当慢就慢，一切都根据时机变通，恰到好处。这就是"安而后能虑"的"虑"。

像这样安顿己身，这才像是恰到好处地停在小丘角落里的黄鸟；才像是梁上那雌雉，"起身、飞、停"，没有一样不是止于所当止之地。这就是"止至善"。

┃ 简注 ┃

①《周易·乾卦·彖传》："大哉乾元，万物资始，乃统天。云行雨施，品物流形。大明终始，六位时成。时乘六龙以御天。乾道变化，各正性命。保合大和，乃利贞。首出庶物，万国咸宁。"

②《周易·系辞》："知几其神乎！几者，动之微，吉之先见者也。"

③《周易·系辞》："尺蠖之屈，以求信也；龙蛇之蛰，以存身也；精义入神，以致用也；利用安身，以崇德也。过此以往，未之或知也。穷神知化，德之盛也。"

④《孟子·公孙丑》："可以仕则仕，可以止则止，可以久则久，可以速则速，孔子也。"

⑤《礼记·大学》："《诗》云：'缗蛮黄鸟，止于丘隅。'子曰：'于止，知其所止，可以人而不如鸟乎？'"

⑥《论语·乡党》："色斯举矣，翔而后集。曰：'山梁雌雉，时哉！时哉！'子路共之，三嗅而作。"

这段话是在解释《大学》首章:"大学之道,在明明德,在亲民,在止于至善。知止而后有定,定而后能静,静而后能安,安而后能虑,虑而后能得。物有本末,事有终始,知所先后,则近道矣。"

1. 在心斋的体系中,止于至善就是把握己身在天地中的位置,即止于至善之地。于是我们修身的努力集中到了己身之上。这有着重大的意义,这么一来,我们遇到事情就有了个定准。我和同事吵架了,回到家,这时候我是否还在抱怨同事?如果还在抱怨同事,这就是在末上求,而不在本上求。定,就是只在本上求,只在己身上求。

2. 和同事吵架了,回到家,我不抱怨同事了,可是我心中还是有些不平,不能安静。这说明我并没有真正做到定。真正做到定,那就一定可以做到不为之前的争吵所"挠"了。

3. 如果我不抱怨同事了(定),心里也没有觉得烦(静),但是我意志消沉,没有充满兴致地去做事情。这就是"不安"。如果我真的没有受到别人的影响,那么我便处于本然的状态,我必是生生不息的,合于乾道的。我一定是充满斗志要承当自己在天地间的角色的。否则,我的静都还不是真的静,我的定都还不是真的定。

4. 安于乾道,则纯然是良知应事。这时候可以"知几"。心斋和一庵所说的"研几"与一般理学家不同。一般理学家讲的研几是针对内心的功夫。而心斋、一庵的"研几",则是在"事几"上做到出处进退完全合于道。研几不是通过静坐反省内心世界,而是在应事的时候,一举一动圆通妙应。

5. 如果我做到定、静了，到了家也在充满生机地照顾孩子、处理工作，亦即做到安了。但是我做事的时候并没有"有如神助"的感觉，并没有"灵光四射"，并没有"充满惊喜"。这就是没有做到"虑"。这说明我还没有真正的安于乾道，也就是没有真正的做到定和静。

6. 明明德和亲民是一回事，也就是致良知。而下手处则在止于至善之地，也就是安顿己身，也就是立己身为天下国家的根本。至于具体如何止于至善之地，可以看到，定、静、安、虑、得是一环套一环的，是逐渐精细地指出如何安顿己身。定静安虑得讲完之后，《大学》接下来说："物有本末，事有终始，知所先后，则近道矣。"物就是身心家国天下一体之大物，此物之本在己身，末在家国天下。所以明明德亲民的初下手处，在止于至善之地（安身）。

五、谓朱纯甫曰："学问须知有个把柄，然后用功不差。本末原拆不开，凡于天下事，必先要知本，如'我不欲人之加诸我'①，是安身也，立本也，明德止至善也。'吾亦欲无加诸人'②，是所以安人，安天下也，不遗末也，亲民止至善也。"

| 今译 |

心斋先生对朱纯甫说："学习需要有个把柄，然后做功夫才能避免差池。天

下之事是个整体，其根本（己身）和末梢（他人、家国天下）是分不开的。但凡是天下之事，一定要知道根本。比如'我不希望别人把他的意志强加到我的身上'，这就是安顿己身，树立天地万物的根本，明德止于至善之地。'我也不想把自己的意志强加给别人'，这就是安顿他人，安顿家国天下，不遗漏末梢，让亲民止于至善之地。"

| **简注** |

①②《论语·公冶长》："子贡曰：'我不欲人之加诸我也，吾亦欲无加诸人。'子曰：'赐也，非尔所及也。'"

| **实践要点** |

1. 按照心斋先生的解释，子贡不希望别人强加东西于自己，即是希望自己的一切都是由自己的本心所决定，由自己的良知所出；子贡不希望强加东西给别人，即是希望通过自己的修身，让别人自己去改变，自己去转化。这分别对应《大学》的"明明德"与"亲民"，并且是在自己身上明明德，在自己身上亲民。亦即"明德止至善"、"亲民止至善"——止于至善，就是安顿己身，就是把天地万物归结到自己身上来调理整顿。

2. 什么是缺乏把柄的明明德呢？

场景一：我教孩子的时候，看到孩子把房间搞得一塌糊涂，我便要训导他。

我训导孩子不是为了撒气，不是为了耍威风，只是希望孩子能改变生活习惯。我训导孩子的时候也比较耐心。训导孩子的事情，可以说是由良知发动的，而不是由私欲发动的。在我而言，是显明我的明德，在孩子而言，是教养孩子，也就是亲民。

场景二：就上述问题而言，我知道孩子现在如此邋遢，是因为先前有好多回，我看到孩子生活不整饬而没有指出来。也就是心斋所说"引导之不时，己之过也"。之前有几次，我耐心不够，导致说了一半就生气了，道理并没有说清楚，孩子并没有真正理解什么叫整饬严谨的生活。也就是心斋所说"讲说之不明，己之责也"。于是我知道这次要不怕麻烦地给孩子指出来；在指出来的时候，还要有足够的耐心，把事情说清楚。这就是在己身之上明明德与亲民，也就是把明明德和亲民拉到己身上来，也就是明德止至善和亲民止至善。

这两种场景，前一种明明德的主体是我的心，客体是眼下的事情。在眼下的事情上明我心之明德，也就是致良知于事事物物。后一种明明德的主体是我的心，客体是我自己，也就是己身。是在己身上明我心之明德。前者在心斋看来是缺个把柄；后者则有个把柄（止至善），是"明德止至善"（亦即"亲民止至善"）。

显然，后一种有把柄的明明德和亲民更有条理，有个本末先后。"用功不差"，就不会出现本乱而末治的情况。而前者要在念念致良知，而没能注意到每个念头不是平均的，没有突出个本末先后，所以用功很可能出现差池。

六、有疑先生安身之说者，问焉曰："夷齐虽不安其身，然而安其心矣。"先生曰："安其身而安其心者，上也；不安其身而安其心者，次之；不安其身又不安其心，斯其为下矣。"

有质疑心斋先生"安身"之说的，问道："伯夷叔齐虽然不能安顿己身，但是他们能够安顿己心。"心斋先生说："安顿己身并且也安顿己心的，这是最上一等的；不能安顿己身而能安顿己心的，这是次一等的；既不能安顿己身又不能安顿己心的，这便是最下一等了。"

1.《孟子》中讲过"匡章"这个人，为匡章辩护（国人都说匡章不孝顺，而孟子为之辩护）。匡章不知道要先在己身上做功夫，不知道先要去安顿己身，而是看到父亲不对，就去要求父亲。所以导致"父子责善而不相遇也"，也就是父子之间相互要求对方改过向善，以至于父子不合。因为父子不合，所以匡章无法尽孝，没有办法安顿己身（作为一个父亲的儿子的身份）。因父亲没有办法得到奉养，孤苦伶仃，如果自己有妻子、孩子奉养自己，自己于心不安，所以让妻子孩子离开自己，终身不接受子女的奉养。

孟子说："其设心以为不若是，是则罪之大者。"匡章的发心是，认为不这么做，那就是自己舒舒服服，父亲得不到奉养，这样便算得上是重大的罪过了。

匡章便是无法安顿好"自己作为人子的身"，但求能够安"自己作为人子的心"。而如果匡章心安理得地与自己和妻儿其乐融融，而让父亲孤苦，他作为人子，一想到父亲，是无法安心的。这样他不但没有安顿好自己"作为人子的身"，又不能安自己"作为人子的心"了。这就是不能安身又不能安心的情况。

2. 安身，安顿己身，不是把自己安放在一个舒服的地方，而是把自己放在合于人性的地方。所安的这个"身"，是连带着人在天地中的位置的。罗近溪先生说，这个"身"是根于父母、连着兄弟、带着妻儿的。否则就不能成为一个"身"（没有脱离人伦而存在的人）。所以安身又可以说是恰当地把握自己的身份。而不能安身而安其心，就是在自己已经不能把握住自己的身份时，做到用心去应对，也就是俗话说的"对得起自己的良心"。

七、问义。先生曰："'危邦不入，乱邦不居'①，道尊而身不辱，其知几乎！""然则孔孟何以言成仁取义②？"曰："应变之权固有之，非教人家法也。"

有人问心斋先生什么是"义"。心斋先生说："'危险的地方不去，混乱的地方不住'，把道义高举起来，不自辱己身，这就是知道了精微之处呀！"又问："您这么说，那为什么孔子要说杀身成仁，孟子要说舍生取义呢？"心斋先生说："固然有特殊情况，需要应变权衡。但这是变通之法，不是拿来教人的通常之法。"

| 简注 |

①《论语·泰伯》："子曰：'笃信好学，守死善道。危邦不入，乱邦不居。天下有道则见，无道则隐。邦有道，贫且贱焉，耻也；邦无道，富且贵焉，耻也。'"

②《论语·卫灵公》："志士仁人，无求生以害仁，有杀身以成仁。"《孟子·告子》："生，我所欲也；义，亦我所欲也。二者不可得兼，舍生而取义者也。"

| 实践要点 |

1. 泰州学派讲的道，主要不是体现在文字上，也不是体现在内心的钻研思索上，而是体现在我们的一言一行上。我们的一言一行是实实在在的、天地可鉴的道的载体。所谓的一言一行，就是在家如何做父亲，在单位如何做员工，在社会上如何做公民，也就是如何做自己、如何安顿此身。所以道和身是一体的。我

们对道义有多么看重，我们对己身就有多么看重。所以《礼记》说："君子不以一日使其躬儳焉，如不终日。"君子不能接受有一天时间自己没有活得顶天立地。一旦如此，君子便惶惶不可终日，必定要改变才行。这就是尊身。心斋说：尊道尊身，才是至善。这个至善，就是止于至善、安于天地对自己的安排，就是把握自己的身份，就是通过己身呈现道义。这就是义。

2. 杀身成仁，舍生取义，这是"权法"，不是"教人家法"，不是规矩常法。这个权有两个意思。一是特殊情况。人一般很少遇到要杀身成仁的情况。（相反，杀身往往是一死了之，反而是丢下仁义这个重担。）有孩子认为父母管自己管得太多，侵犯了自己的自由，这是不道义的，于是要去跳楼。这算是舍生取义吗？这很难成立。所以"权法"不是随随便便可以使用的。所以有"唯圣人及大贤以上可以行权"的说法。

权的另一个意思是对道体认到极其细微之处。比如孔子因为祭祀时的小问题离开鲁国，这原本是不对的。但是孔子是要把离开鲁国的责任归到自己身上，所以"以微过行"。孔子实际上是对道义体会到极为精深的地步，所以有时候做出来的事情一般人觉得不仁，但实际上是非常精深的仁。孔子说："可与共学，未可与适道；可与适道，未可与立；可与立，未可与权。"这个权，即是对道义体会得极其精微，可共学，可适道，可在道义上并立，甚至可以在极为精微的地方都能够有共同的权法。

权的两个意思，一个是和经（常法）对立的，一个是经的极其深入细微之处。后一个意思是本质定义。权，不是委曲求全的"委曲"，不是枉尺直寻的"枉尺"。权不是在道义上打折扣，而是道义的精深化。

八、乍见孺子入井而恻隐者^①，众人之仁也；"无求生以害仁，有杀身以成仁"^②，贤人之仁也；"吾未见蹈仁而死者矣"^③，圣人之仁也。

| 今译 |

突然见到小孩子掉进井里，心中顿时一痛，这是众人都有的仁；"不为了求生而违背仁德，却会为了成全仁德而舍弃生命"，这是贤人层次上的仁；"我从没见过因为践行仁德而死的"，这是圣人层次上的仁。

| 简注 |

①《孟子·公孙丑》："人皆有不忍人之心。先王有不忍人之心，斯有不忍人之政矣。以不忍人之心，行不忍人之政，治天下可运之掌上。所以谓人皆有不忍人之心者，今人乍见孺子将入于井，皆有怵惕恻隐之心——非所以内交于孺子之父母也，非所以要誉于乡党朋友也，非恶其声而然也。由是观之，无恻隐之心，非人也；无羞恶之心，非人也；无辞让之心，非人也；无是非之心，非人也。恻隐之心，仁之端也；羞恶之心，义之端也；辞让之心，礼之端也；是非之心，智之端也。人之有是四端也，犹其有四体也。有是四端而自谓不能

者，自贼者也；谓其君不能者，贼其君者也。凡有四端于我者，知皆扩而充之矣，若火之始然，泉之始达。苟能充之，足以保四海；苟不充之，不足以事父母。"

②《论语·卫灵公》："子曰：'志士仁人，无求生以害仁，有杀身以成仁。'"

③《论语·卫灵公》："子曰：'民之于仁也，甚于水火。水火，吾见蹈而死者矣，未见蹈仁而死者也。'"

｜ 实践要点 ｜

1. 仁，是儒家最为核心的词。一开始修身，我们要去见善体仁，去发现身边人的善意。随着我们越来越用心地去为善去恶，我们也就越来越感受到身边人的好，越发觉得生而为人的幸福可贵。

现在的人，习惯性地对世间的仁爱熟视无睹，对人的自私深信不疑。于是人越来越不愿意袒露真心，人与人之间温厚的气氛越发少，凉薄的气氛越发多。而人生命中的温暖，是自娘胎中就有的，十月怀胎，到父母辛劳的哺育，没有这出生便带着的温暖，我们不可能存在。所以孟子说，孩提皆知爱知悌。这就是所谓的"赤子之心"。

2. 众人有这赤子之心，但是不去呵护它，越发的不信任它，以至于人性中的温暖几乎泯灭，成为一个麻木不仁者。而贤人则把它看得比生命都重要。

如果真能去体认这个仁心，我们自然会感到，这个仁心，声色名利与之相比，不值一提。这是对善、对仁深刻的体认和坚信。

3. 在日常经验中，一个人可能因为做好事而产生糟糕的后果。所以有发心为仁而结果不幸的情况。

比如孔子周游列国，想要推行仁政。结果不但没有实现理想，还多次差点丧命。这是仁的因结出不幸的果吗？

这是从世俗功利的角度评判人生，遂觉得"德"与"福"不一致。若从这两千多年的文明看，孔子的一言一行对后世有着极大的影响，其德行纯粹，其事功一直延续到今日。

功利世界自有其运行之道，这是孟子所谓的"人爵"。其夭寿祸福，未必是人的德行所能决定的。但是仁德一定不会让人的夭寿祸福受到损害。有人说，战争时，被敌军俘获，如果变节，便可以活下去，如果讲仁义，那寿命就会缩减。这不是仁义损害寿数吗？在这个例子中，死或许比活着要幸福。如果变节，寿数或许增加了一些，而其他方面的生命的损伤是所增加的寿数远远无法抵消的。所以，从根本上说，只要发心纯粹是仁，必纯粹是积善，所以说未有蹈仁而死者。

圣人做仁义之事，没有掺杂私欲，是纯粹的仁；而常人做仁义之事时掺杂了许多私欲，所以常人很容易错把混在仁义中的私欲当作仁义，进而把人生的不幸归咎为仁义。所以真的体认到"德福一致"、"人性本善"、"仁者无敌"、"未有蹈仁而死者"是极其不易的，只有呵护好"众人之仁"（亦即赤子之心、人人本有的良知），担当自任起贤人之仁，久而久之才能真实地把生命安顿在"仁"上。这就是所谓的"仁者安仁"、"圣人之仁"。

九、"明哲"^①者，良知也。"明哲保身"者，良知良能也。

知保身者，则必爱身；能爱身，则不敢不爱人。能爱人，则人必爱我；人爱我，则吾身保矣。能爱身者，则必敬身；能敬身者，则不敢不敬人。能敬人，则人必敬我；人敬我，则吾身保矣。

故一家爱我，则吾身保；吾身保，然后能保一家。一国爱我，则吾身保；吾身保，然后能保一国。天下爱我，则吾身保；吾身保，然后能保天下。

知保身而不知爱人，必至于适己自便、利己害人，人将报我，则吾身不能保矣。吾身不能保，又何以保天下国家哉？知爱人而不知爱身，必至烹身割股、舍生杀身，则吾身不能保矣。吾身不能保，又何以保君父哉？

| 今译 |

"明哲保身"的明哲，指的是生而就有的良知。"只要有明哲就可以保全己身"，指的是良知良能。

（我们的天生就有的明哲）知道要保全己身，那我一定会爱护己身；我们能去爱护己身，就不敢不爱护他人。只要我能去爱护他人，他人一定会爱护我；他人爱护我，那我的己身就得以保全。如果我能爱护己身，那我一定会敬重己身；能去敬重己身，就不敢不敬重他人。我能去敬重他人，他人必定会敬重我；他人敬重我，那么我的己身就得以保全。

所以，一家人都爱我，那我的己身在一家之中就得以保全；我的己身得以保全，然后可以保全一家。一国的人爱我，那我的己身在一国之中就得以保全；我的己身得以保全，然后可以保全一国。天下人都爱我，那我的己身在天下之中就得以保全；我的己身得以保全，然后可以保全天下。

知道要保全己身，却不知道要爱护他人，势必导致凡事图自己的便利。图利自己，损害他人，别人便会报复我，那么我的己身就不能保全。我的己身都不能保全，又谈何保全天下国家呢？只知道爱别人，而不知道爱己身，势必导致烹身割股以事双亲、杀害己身舍弃生命这样愚忠愚孝的行为，那么我的己身就不能保全了。我的己身都不能保全，谈何保全君主和父亲呢？

| 简注 |

①《诗·大雅·烝民》："既明且哲，以保其身，夙夜匪懈，以事一人。"

第十三章　进不失本，退不遗末

> 一、大丈夫存不忍人之心[①]，而以天地万物依于己，故出则必为帝者师，处则必为天下万世师。出不为帝者师，失其本矣；处不为天下万世师，遗其末矣。进不失本，退不遗末，止至善之道也。

今译

大丈夫对他人有恻隐之心，在他眼中天地万物都仰仗自己。所以入世做官便以帝王的老师要求自己，出世隐居便以天下万世的老师要求自己。如果入世做官的言行称不上帝王的老师，那就是失去了根本；如果出世隐居的言行不足以成为天下万世的老师，那就是遗失了末梢。仕进不失去根本（自己的本心），退隐不遗落末梢（万民），这便是止于至善的道路。

简注

① 《孟子·公孙丑》：“孟子曰：‘人皆有不忍人之心。先王有不忍人之心，斯

有不忍人之政矣。以不忍人之心，行不忍人之政，治天下可运之掌上。'"

｜ 实践要点 ｜

1. 所谓"退"，即出世。过退隐生活的人，凡事不争不抢。但我们要仔细反省：自己退隐，真的是不愿意同流合污吗？还是面对困难的软弱、退缩？

有人学儒学，立了一个志愿，让家人都崇尚道德仁义。这个志愿立下来没几个星期，就发现，自己对家人没有一点点影响力。每当自己和家人谈良知的时候，家人都觉得自己太天真，没有认清社会现实。劝说家人不要贪小便宜时，家人都觉得他傻，对他嗤之以鼻。他每次做这类事情都会和家人闹得很不愉快。这时候，他就不再企图影响家人了。这是"退"。他认为，家人太污浊了，自己不能和家人同流合污。

我们要反思这个发心，这个发心真的是洁身自好吗？还是努力做一件事，结果碰壁了，心里软弱退缩？

古人所说的"退"，不是面对现实世界的退缩，不是怯懦，而是一种轻视功名利禄的豪气。我们的发心永远都是一个仁爱心，是成就天下、成就国家、成就家庭的心。当我们参与到家国天下的运转中，无法力挽狂澜的时候，我们只好选择退隐。退隐不是因为碰壁，而是以另一种方式成就以后的家国天下。通过修身讲学，为后世世道的兴起做准备。也就是"处为天下万世师"。

所以"退不遗末"，可以作为一个检视自己是否合于道的尺子。如果自己的"退"是合于道的，那么自己一定在修身讲学，期望家国天下可以好，自己心中一定是充满了对天下的"不忍人之心"。

2. 我们入世做官，或者在社会上担当重要的角色，这就是"进"。年轻人刚刚走上社会，"进"入社会，心中基本上都还存有一些高尚的想法，所谓的"初心"。随着涉世渐深，人往往一再妥协，一再降低自己的底线。这就是"失本"。失本之后，人不会有真正的幸福，于是会逃避社会，产生厌恶社会的情绪，对社会上同样受苦的人没有同情与悲悯，这就是"遗末"。常人往往处在"失本"和"遗末"之间。

3. 失本，是丧失了人性之中本有的"不忍人"之心，变得同流合污；同流合污是最为麻木不仁的，最为背离仁义道德的。这时候，人一旦悔悟，却常常走向"遗末"。"遗末"本身是由于对恶的厌恶，但是这个厌恶感没有转化为对这个世界的担当自任，没有把自己的生命重新安顿在道德仁义上。心斋讲"进不失本，退不遗末"，我们如果时时用这句话来审视自己面对当下生命的态度，便可以当下摆脱现实生活的桎梏，当下回归到"仁"上。

二、出必为帝者师，言必尊信吾修身立本之学，足以起人君之敬信，来王者之取法①，夫然后道可传亦可行矣。庶几乎己立后，自配得天地万物，而非牵以相从者也。斯出不失本矣。

处必为天下万世师②，言必与吾人讲明修身立本之学，使为法于大下，可传于后世，夫然后立必俱立，达必俱达③，庶几乎修身见世，而非独善其身者也④。斯处也不遗末矣。

孔孟之学正如此，故其出也，以道殉身，而不以身殉道⑤；其处也，学不厌而教不倦。本末一贯，夫是谓明德、亲民止至善矣。

| 今译 |

入世做官一定要以帝王师的标准要求自己，意思是，一定要尊信我所说的修身立本的学问，己身足够使国君敬重信任，从而使可以行王道的人来向我取法。然后，道就可以传下去，就可以推行。在己身差不多树立之后，自然可以配得上天地万物的信赖仰仗，并非勉强让别人跟从我。这就是入世做官不丧失本心。

出世隐居一定要以天下万世的老师的标准要求自己，意思是，一定要和别人讲明白我这个"修身立本"的学问，使得这个道理可以成为天下人的法度，可以流传到后世。然后要自立便和天下人一同自立，要通达便和天下人一同通达。这差不多就是通过修身来对这个世界产生作用，而并非是独善其身。这就是出世隐居而不遗漏末梢。

孔孟之学正是这样，所以孔子孟子入世做官，便通过己身的一言一行来呈现道义，而不至于走投无路到以身殉道杀身成仁的地步。孔子孟子出世隐居，便永不厌倦地学习和教化人。根本和末梢是一以贯之的，明德和亲民都收归到了至善之地。

简注

① 帝者师：参考《孟子·滕文公》："人伦明于上，小民亲于下。有王者起，必来取法，是为王者师也。"

② 万世师：参考《孟子·尽心》："孟子曰：'圣人，百世之师也，伯夷、柳下惠是也。故闻伯夷之风者，顽夫廉，懦夫有立志；闻柳下惠之风者，薄夫敦，鄙夫宽。奋乎百世之上，百世之下，闻者莫不兴起也。非圣人而能若是乎，而况于亲炙之者乎？'"

③《论语·雍也》："夫仁者，己欲立而立人，己欲达而达人。"

④《孟子·尽心》："古之人，得志，泽加于民；不得志，修身见于世。穷则独善其身，达则兼济天下。"

⑤《孟子·尽心》："孟子曰：'天下有道，以道殉身；天下无道，以身殉道。未闻以道殉乎人者也。'"

实践要点

当我们说"出世入世"的时候，谈论的是己身和世界的关系，谈论的是何时己身当进入这个世界，何时己身当远离这个世界。在此语境中，己身和世界是对立的两个"元"，所谓"二元对立"。

而在心斋的学说中，这个世界正是由己身所开展出来的，我们的己身，根于父母，连着兄弟姐妹，带着妻子儿女。不存在与世隔绝的己身，即便是隐居山林三十年的修道之人，他吃饭时咀嚼食物的方式可能都和父母有一点相似。

若把世界比喻成人体交错纵横的血管，我们每个人就像是一个器官上交错纵横的血管。我们单看这个器官，血管交错纵横、千头万绪，然而每一个头绪都连着整个人体，没有一根血管是特例。血液所流经之处，便是整个世界。

王阳明说："天没有我的灵明，谁去仰他高？地没有我的灵明，谁去俯他深？鬼神没有我的灵明，谁去辨他吉凶灾祥？"

灵明，指的是人可以看、可以听、可以思维的活泼泼的心。一方面人心可以和这个世界打交道，另一方面，这个世界正是因为人与它打交道，它才有意义。所以，没有人的灵明，便没有人去仰望天的高，没有人去俯瞰大地的深厚，没有人去感受鬼神的吉凶灾祥。

所以，人和这个世界绝对地关联，并且正是己身打开了这个世界。用罗近溪的话即是："联属家国天下以成其身。"意思是，人是连结着家国天下才结成了此身。用心斋的话，即："身心家国天下，一身也。吾身为本，家国天下为末。"

所以心斋先生处理己身和世界的关系，不是处理对立的二元，而是处理一个整体的两个部分。己身是根本，家国天下是末梢。同时，人也不存在出世的情况，人永远是入世的。"世"就是"身"，入世，就是把世界调治好。要把世界调治好，就像把一棵树种好，既要在根本上用功，又不能遗忘枝叶，并且最为重要的乃是根本处。

三、危其身于天地万物者，谓之失本；洁其身于天地万物者，谓之遗末。

| 今译 |

在天地万物之中，把己身置于危险之地，这叫做失去根本；在天地万物之中，把己身置于绝对洁净之地，这叫做遗失末节。

| 实践要点 |

1. 危其身，这个"危"不仅仅指人身伤害、生命危险。

一个人，经常说谎，这也是"危其身"。经常说谎，便为人所轻贱、怨恨，便得不到他人的敬重。这种轻贱表现在方方面面，包括言语上对其不尊重，安危上对其不关照。甚至，这个人的父母子女，也会为人所轻贱。《礼记》说："狎侮，死焉而不畏。"一个人如果习惯于被人所轻贱侮辱（狎侮），那么他到了死亡的时候都没有惧怕。因为他已经习惯于把生命看得太轻，习惯于铤而走险。《中庸》

说:"君子居易以俟命,小人行险以徼幸。"君子走光明正大的坦途,所以自尊自重自安,小人则是自危其身。

所以说,危其身,就是不能够自尊自重。心斋说尊道尊身,如果看重道义,用己身担当道义,自然就是尊身。同样的,如果言行偏离道义,这就是危身。

2. 人如果坚守道义,在非死不可的时候英勇就义,这绝对不是危其身,而是在更大的格局上给己身一个安顿。这种情况下,己身之死可能重于泰山(比如文天祥)。所谓"危其身",是把己身看得很轻微,可以微不足道地、乃至荒唐地随便死去。比如和别人打赌,看谁敢在楼顶上倒立,结果摔死了。这个死,只是因为一个游戏,这才是自轻自贱自薄。《大学》说:"其所厚者薄,而其所薄者厚,未之有也。此谓知本,此谓知之至也。"心斋认为,知本,就是知道吾身为本,就是自尊自重。轻重厚薄一定不能颠倒。

四、知安身而不知行道,知行道而不知安身,俱失一偏。故"居仁由义,大人之事备矣"①。

| 今译 |

知道安顿己身而不知道去践行道义,抑或只知道去践行道义而不知道安身,都失之偏颇。所以孟子说:"以仁作为人生的居所,以义作为人生的道路,这样

做，那么大人的事业就完备了。"

简注

①《孟子·尽心》："杀一无罪，非仁也；非其有而取之，非义也。居恶在？仁是也；路恶在？义是也。居仁由义，大人之事备矣。"

实践要点

心斋这段话，还可以补一句：安身即行道，行道即安身。

安身粗浅地说是安顿好自己，要是精确地说，则是安顿好身心家国天下一体之大身。安身是通过自尊自重，来担当道义。当我自尊自重时，别人便会尊重我，并且被我的气息所感染，进而别人也变得自尊自重。传道，不是给别人说教，而是通过安己身，而使得别人安其身。这就是孔子所说的"修己以安人"，"修己以安百姓"。也就是心斋说的："爱人直到人亦爱，敬人直到人亦敬，信人直到人亦信。"（自己做人有仁爱心、有敬重心、有忠信心，在和别人相处的时候，别人也不自觉地变得仁爱、敬重、忠信了。）所以说安身就是行道。

另一方面，如果我行道，别人会更加敬重我，我更加远离身心的危险，所以说，行道就是安身。这是心斋先生所说的"合内外之道"（内：安身；外：行道。），也就是心斋先生"明哲保身"之说的大意。

五、《中庸》先言"慎独"、"中"、"和"，说尽"性"学问。然后言"大本"、"致中和"，教人以出处进退之大义^①。

今译

《中庸》首章先说"是故君子戒慎乎其所不睹，恐惧乎其所不闻。莫见乎隐，莫显乎微。故君子慎其独也""喜、怒、哀、乐之未发，谓之中。发而皆中节，谓之和"，把"天命之谓性，率性之谓道"的这个"性"的学问都说尽了。然后说"中也者，天下之大本也。和也者，天下之达道也""致中和，天地位焉，万物育焉"，这是在教人做官、隐居、仕进、后退的重大义理。

简注

①《礼记·中庸》："天命之谓性，率性之谓道，修道之谓教。道也者，不可须臾离也；可离，非道也。是故君子戒慎乎其所不睹，恐惧乎其所不闻。莫见乎隐，莫显乎微。故君子慎其独也。喜、怒、哀、乐之未发，谓之中。发而皆中节，谓之和。中也者，天下之大本也。和也者，天下之达道也。致中和，天地位焉，万物育焉。"

心斋先生这段语录极其重要，可以作为心斋对《中庸》功夫的理解，姑且称作"淮南中庸说"。以下，将结合心斋的相关语录，把中庸首章做一个分疏。

1."天命之谓性，率性之谓道，修道之谓教。"

天命，即上天所命于我的。《诗经》："天生烝民，有物有则。民之秉彝，好是懿德。"上天生下民众，有世间万物，有法则。而万民所禀赋的，就是爱好这美好的德行。喜欢美好的德行，所谓好善恶恶，这就是天命。孟子说孩提皆知孝知悌，孝悌这些基本的人伦，就是天命。上天所禀赋给人的良知，即是人的禀性，亦即本性。心斋诗中说："天命是人心，万古不易兹。"天命之性就是人的本心，也就是良知，这一点万古都没有改变过。人循着这个本性而行，没有一丝一毫人为的安排造作，这就是道。心斋说"百姓日用即是道"，因人天生就有向善的禀性，天生就有良知（所谓"天良"），一般时候，人依照良知而行，便是率性之谓道。这种情况下，人只是活得很顺利，但不知道是因为这个天命之性使得自己活得顺利。这就是"百姓日用而不知"。所谓"不知"，就是对人性本有之善没有一个体认，所以本性也经常容易被遮蔽。这时候人就需要去修道。修道并非是去修人本性之外的东西，而是修回天命之性，去除私欲的壁障，使得人心纯然是天命之善。

2."道也者，不可须臾离也，可离非道也。"

心斋先生说："道也者，性也，天德良知也，不可须臾离也。"（"率性之谓道，修道之谓教"的"道"就是人的本性，就是天德良知，它是一刻都不可能离开人的。）又："道一而已矣。'中'也、'良知'也、'性'也，一也。"（道只是一个，"中"、"良知"、"性"这些概念实际上说的都是同一个东西，也就是"道"。）在心斋看来，天命之性就是良知，率性就是依良知而行，道就是合于良知的生命道路。其实道就是性，就是天命，就是良知。它是一刻不会与人分离的，如果可以与人分离，这就不算是道了。（如果不能完整地涵盖人生，那还算是人生的大道吗？）

只要人还活着，人就有其精神生活，只要有精神生活，他就有良知。一个人，哪怕穷凶极恶，只要有合适的人，在合适的时候，对他施以教导，就能把他的良知激发出来。良知是一直没有离开人心的，只是人欲把良知遮蔽起来了，良知不能做人身的主宰了。打个比方，人睡觉的时候，只要稍微用一些办法，睡得再沉的人都会被叫醒。在私欲很多的时候，人的良知就好像睡着了一样。正是因为良知没有须臾离开我们，所以在任何情况下，我们都能唤醒良知。

有人问心斋：我的良知在哪里？心斋先生就喊了一声那个人的名字，那个人便答应了一声。心斋说：呼之即应，良知不就在这里吗。（别人呼他的名字，他就答应，这是良知即感即应的功能，当下良知正在发挥作用，所以说良知就在眼下。）心斋的这个当下指点，随时都可以用，因为人的良知没有一刻离开。

3．"是故君子戒慎乎其所不睹，恐惧乎其所不闻。莫见乎隐，莫显乎微。故君子慎其独也。"

人如果用眼睛去看事物，用耳朵去听事物，这时候人的欲望就混入目睹耳闻之中了。孟子说："耳目之官不思，而蔽于物。物交物，则引之而已矣。"耳目这些器官不会反思，只是被外物所蒙蔽。耳闻目睹，一物接着一物，人就被各种物欲牵着走了。

君子对自身的修持很用心，君子不在耳闻目睹的过程中下功夫，而是在耳朵听不到、眼睛看不到的东西上下功夫，也就是在性上（也就是道，也就是良知）下功夫。在面对本性的时候（也就是面对良知的时候），要十分谨慎戒惧。这就是"戒慎乎其所不睹，恐惧乎其所不闻"。

心斋说："戒慎恐惧，莫离却不睹不闻。不然便入于有所戒慎，有所恐惧矣。故曰：'人性上不可添一物。'"戒慎恐惧一定是戒慎恐惧本性，一定不能离开不睹不闻（如果有目睹耳闻搀和其中，那就不是天德良知了，而是混入了人为的造作）。如果我们忽略了不睹不闻，那么我们就不是对本性戒慎恐惧了（生怕偏离本性），而是戒慎恐惧一个外在的对象。所以在人的本性之上不能增加一点点东西。

因为性是不涉及目睹耳闻的，所以在最隐微的地方也不会显现出来。这就是"莫见乎隐，莫显乎微"。所以君子所戒慎恐惧的只是唯独一个"性"字，没有别的东西。这就是"故君子慎其独也"。（独就是本性，慎独就是敬慎地保持在合于本性的状态。）

心斋说："常是此中，则善念动自知，恶念动自知，善念自充，恶念自去。如此慎独，便可知立大本。"心中常常是这个"中"的状态，那么善念发动，自然知道，恶念动了自然也知道。所以善念自然而然得到扩充，恶念自然而然被去除。这样做慎独的功夫，便可以知道怎么样去树立人生的大根本了。这段话亦可以看出，心斋所说的慎独，就是没有一毫人欲掺杂的那个"独"，也就是天德良知。

4."喜、怒、哀、乐之未发，谓之中。发而皆中节，谓之和。"

在心斋的解释中，七情没有发动，也就是不睹不闻，也就是没有一毫人为的参与，纯粹是本体。这就是中。只要依照这个中去应对世间万物，都可以做到最好，都能够"中节"，都可以恰到好处，这就是"和"。

这一小段(4)，以及上一小段(3)就是在分解"天命之谓性，率性之谓道，修道之谓教"中"性"的内涵。所以心斋说："'慎独'、'中'、'和'，说尽'性'学问。"慎独、中、和这些说法把"性"字的学问说得很充分了。

这个性是不能通过我们的经验知识(目睹耳闻)归纳推理得来的，它是超越于经验世界(不睹不闻)的本体。在我们没有任何人为的安排造作的时候，本性也就透露出来。此时我们依照良知而行，此时的状态即是本体状态。(这叫做"即用见体"。)慎独就是谨慎地把握这个状态。

5."中也者，天下之大本也。和也者，天下之达道也。"

心斋先生："'喜怒哀乐之未发，谓之中''中也者，天下之大本也'，是分明解出中字来。"从这句话可以看出，心斋强调"中"有两个意义，第一个是"喜怒哀乐之未发"，即没有任何经验层面的人情掺杂进来。这是从我们如何去体认"中"的角度谈。第二个是"天下之大本"，即我们一旦把握到了中，也就不偏不倚地把握到了己身在家国天下中的位置。亦即在天地间安顿了己身。如此，己身在家则家必齐，在国则国必治，在天下则天下必平。这就是"立得己身为天下国家之本"，也就是"中也者，天下之大本也。"

而从"家必齐"到"家已齐"的过程，就是从"中也者，天下之大本"到"和也者，天下之达道"的过程。这个过程是自然而然的，并且是必然的。

6．"致中和，天地位焉，万物育焉。"

达到"中"（立得吾身为天下国家的根本）与"和"（实现家齐、国治、天下平），那么天地就各安其位，万物就安于天道的安排，融入生生不息的宇宙整体中，自然而然地化育。

立得吾身为本，意味着很好地把握了自己的身份。面对儿子，尽了父亲的职责；面对妻子，尽了丈夫的职责。所谓尽父亲的职责，意味着父子关系合于天道，也就意味着儿子也合于天道。我（父亲）合于天道，这个是成就自己（成己）；儿子合于天道，这个是成就别人（成物）。所以只要己身致中和，那么万物都各安其位，那么由我所展开的世界便是一个生生不息的整体。

7．以上6条即是心斋对《中庸》首章的训释，也就是心斋的"淮南中庸说"。在首章中，功夫有两个面向。第一个面向是体会本体——超越的、形而上的、不涉及经验层面目睹耳闻的本体。这个本体即是良知，即是天理，即是仁，即是道，即是中，即是性，即是独。慎独即是敬慎地守住此本体（性）而不偏离，所以慎独的前提就是体会"独"，亦即"天命之性"，也就是明道先生所说的"体仁"。

第二个面向就是立得这个本体为家国天下的根本，把这个本体作为斡旋造化的枢纽。而在这个面向上，我们要做的功夫就是非常慎重地对待自己的一言一行，务必使一言一行、辞受取与、出处进退都出自"中"，出自"天命之性"。实际上，慎重地对待一言一行，务必使之合于天命之性，也就是慎独（敬慎地守住本体而不偏离）。

8．故而《中庸》首章的功夫，我们可以理解为"体独"和"慎独"。心斋又区分为"知本"和"立本"的功夫。而"立本"的功夫，亦即"慎独"的功夫，

"研几"的功夫，就体现在出处进退、辞受取与是否都合于本体。所以王一庵先生把"几"解释成细微的事情，所谓"事几"，正是从出处进退上去理解研几（慎独）的功夫的。故而一庵先生的诚意功夫（慎独、研几）正是从心斋的"淮南中庸说"发展而来的。

六、孟子道性善必称尧舜[①]，道出处必称孔子。

| 今译 |

孟子在说性善的时候必定要称道尧舜，在说出处进退的时候必定要称道孔子。

| 简注 |

①《孟子·滕文公》："滕文公为世子，将之楚，过宋而见孟子。孟子道性善，言必称尧舜。"

| 实践要点 |

1. 尧舜所体现的是善的"绝对性"。孟子曰："羿之教人射，必志于彀；学者

亦必志于彀。大匠诲人必以规矩，学者亦必以规矩。"羿是天下最擅长射箭的，他教人射箭，一定要让人把弓拉满；学者学习射箭，自己也一心要把弓拉满；大匠教人做木工，一定要让人做得合乎规矩，学习的人也必定要致力于完全合于规矩。

如果学习射箭，老师让我要把弓拉满了，我觉得差一点点也没关系，箭也一样能射中。这就叫做"折中"。在什么时候开始"折中"，学习就在什么时候开始偏离轨道。再比如学生学习数学，老师讲完一道题，我会做了。老师让我练习两个小时，刷题。我觉得没有必要。我自己一"折中"，无形中便欠缺一些，久而久之，就学成个半吊子。东台（心斋家乡）有个方言"耶子乌儿"，又叫"耶耶乎"，亦是此意。做任何事情都不能够"保质保量"，图自己的方便舒服——即东台乡人常说的"躲懒"，长此以往，所作的事业遂沦为半吊子、"耶子乌儿"。

儒者把道义讲得非常绝对，即便面对国君也是如此。有人因此质疑孟子不敬重齐王。孟子说："我非尧舜之道，不敢以陈于王前，故齐人莫如我敬王也。"孟子认为，齐人之中，最敬重齐王的就是自己，因为孟子只对齐王讲最高的尧舜之道，其余就不愿告诉齐王（不敢对齐王不敬）。这是《礼记》所说的"事君不下达"——侍奉君主不能把标准下放，而是要高举道义，要"上达"。孟子说"大匠不为拙工改废绳墨，羿不为拙射变其彀率。君子引而不发，跃如也。中道而立，能者从之。"高明的工匠不会因拙劣的木工达不到所要求的标准而废弃标准，羿不会为了拙劣的弓箭手拉不满弓而改变满弓的标准。君子教人也是一样，举起一个绝对的至善的标准，使人跃跃欲试（让人觉得仰之弥高、钻之弥坚）。君子站立在绝对的中道上，能够跟随而来的自然跟随而来。

2. 出处进退，即是性善在实际生命中的落实，在一举一动、辞受取与、动容周旋之中的落实。心斋所说的"孔子贤于尧舜"之处，正是在于孔子通过自己活生生的生命，把尧舜的性善展现在"二三子"面前，展现在天下万世面前。比如（以下例子出自《孟子》），孔子为了生计而出仕，那么孔子不应做重要职务，只当做抱关击柝的事情（守卫关卡，夜晚打更）。所以孔子在这种情况下做仓库管理员，做牧场管理员。再如孔子做鲁国的司寇时，祭祀结束后，应当送过来的燔肉没有送到，孔子没有脱帽子就快快地离开鲁国了。不智慧的人认为孔子为了一块肉离开鲁国，智慧的人以为孔子失礼（按礼来说，燔肉应该送到）。二者其实都不真正了解孔子。实际上孔子离开鲁国，不想把罪过归给母国，而是让自己犯下一些轻微的过失。（仅仅是因为燔肉不至，就离开鲁国，这显然是小题大做了，在常人看来，孔子离开鲁国是孔子的过错。）其实，"齐人归女乐"的时候（齐国给鲁国送去女子乐团，导致鲁国国君和掌权的季桓子沉溺"女乐"），孔子已然准备离开鲁国了，只是那时候离开显得过错在母国。《礼记》："大夫士去国，不说人以无罪。"大夫、士离开一个国家，不跟别人说自己没有过错（把过错都归给国家）。

> 　　七、知此学，则出处进退各有其道。有为行道而仕者，行道而仕，敬焉、信焉、尊焉，可也。有为贫而仕者，为贫而仕，在乎尽职，"会计当"、"牛羊茁壮长"①而已矣。

今译

知道这个学问（出处进退之学），那么做官、隐居、仕进、后退都能各自合于道义。有为了践行道义而做官的。为了践行道义而做官，那么统治者必须对我恭敬、信任、尊重，这时候我就可以做官了。也有因为贫穷而做官求俸禄的。因为贫穷而做官，那就要尽到自己的职分。所以孔子"管理仓库，把账务做得得当就好"，"管理牧场，把牛羊养得茁壮就好"。

简注

①《孟子·万章》："孟子曰：'仕非为贫也，而有时乎为贫；娶妻非为养也，而有时乎为养。为贫者，辞尊居卑，辞富居贫。辞尊居卑，辞富居贫，恶乎宜乎？抱关击柝。孔子尝为委吏矣，曰"会计当而已矣。"尝为乘田矣，曰"牛羊茁壮长而已矣。"位卑而言高，罪也；立乎人之本朝，而道不行，耻也。'"

实践要点

1. 在天下无道的时候，君子没有任何行道的可能性，这时候君子不能入世做官，因不能与浊世共同为恶。这时候，君子要养活自己，就要辞去尊贵的职位，居于卑下的职位，辞去富贵的位置，安于贫贱的位置。（《孟子》："为贫者，辞尊居卑，辞富居贫。"）否则就是尸位素餐。孟子说："立乎人之本朝，而道不行，耻也。"在朝堂之上处于重要的位置，而没有能得君行道，这是可耻的。

2. 孟子说过三种处于乱世、还能合于出处进退之道的做官途径：1. 见行可；2. 际可；3. 公养。

所谓见行可而仕，就是先在一个国家试着去治理，去探索行道的可能性；所谓际可而仕，就是国君对自己非常礼遇（侧重辞受取与之间对贤者的敬重），即便很难行道，但是依礼宜为这个国家效力一段时间；所谓公养之仕，即因国君养贤而做官（侧重对贤者的奉养）。

孔子对于鲁国的季桓子，是见行可而仕；对于卫灵公是际可而仕；对于卫孝公则是因公养而仕。这三种做官的方式都不算是违背道义。这三种做官途径，最好的是见行可而仕，这种出仕，还有行道的可能性。而即便是见行可而仕，只要三年之内无法行道，也不应继续留在这个国家。（详见《孟子·万章》）

> 八、"卑礼厚币以招贤者"，而孟轲至梁，即"求而往，明也"①。"国有道不变塞焉"②，即"女子贞不字"③。

| 今译 |

"梁惠王以谦恭的礼节和丰厚的财帛来招揽贤人"，所以孟子去了梁国。这便是屯卦六四爻所说的，"有大人求我，我才去，这是光明的"。"国家有道的时候我不改变无道时所奉持节操"，这就是屯卦六二爻所说的："女子守住贞操不怀孕"。

①《周易·屯卦》六四爻辞："乘马班如，求婚媾；往吉，无不利。"小象："求而往，明也。"

②《礼记·中庸》："子路问强，子曰：'南方之强与？北方之强与？抑而强与？宽柔以教，不报无道，南方之强也，君子居之。衽金革，死而不厌，北方之强也，而强者居之。故君子和而不流，强哉矫！中立而不倚，强哉矫！国有道，不变塞焉，强哉矫！国无道，至死不变，强哉矫！'"

③《周易·屯卦》六二爻辞："屯如，邅如，乘马班如。匪寇，婚媾。女子贞不字，十年乃字。"

| 实践要点 |

心斋经常由屯卦讲传道。"屯"字，上面是一横，象征大地，下面是个"中"字，象征刚刚萌芽的阳气。天地间阳气刚刚萌发，阴气最为旺盛，此时是非常艰难的，所谓"屯难"。

这时候，儒者应当积蓄力量才能度过屯难，此即"济屯"。屯卦初九讲"磐桓，利居贞，利建侯。"磐桓是徘徊不前的样子，此时君子不能急于事功，而是要居于正位，注重内在德行，所谓"利居贞"。同时要多凝聚道友。心斋说："利建侯，只是树立朋友之意。"所谓"树立朋友"，就是在民间讲学，凝聚道友。初九小象说："虽磐桓，志行正也。以贵下贱，大得民也。"这句小象，在心斋的解释中即：虽然徘徊不前，但是志向行得刚正。以尊贵处在卑下之地，在民间讲学，大得民心。

屯卦九二爻辞："屯如，邅如，乘马班如。匪寇，婚媾。女子贞不字，十年乃字。"以心斋的大义来解释即：非常艰难，时进时退，乘着马徘徊不前（讲学事业始终没有很大的发展）。这时候来了外在的机缘。这个外缘不是对我传道有害的贼寇，而是要与我结合的朋友。这个时候，是要保住出处进退的节操，不能和他联合的。要到十年之后，自身变化了，通过讲学所兴起的人才真正成长起来了，才考虑联合外在的机缘，大行其道。

"国有道，不变塞焉。"塞就是阻塞不通。在行得通的时候，不改变行不通的时候所坚守的标准。这就是"女子贞不字"。

而屯卦的六四，则是时机成熟，有大人相求，卑礼招贤，这时候去做事情才可能真正行道。所谓"求而往，明也"。

第十四章　学术宗源在出处大节

一、"夫子之道，忠恕而已矣。"①忠恕，学之准则也，便是"一以贯之"。孔子以前无人说忠恕，孟子以后无人识忠恕。

｜　今译　｜

曾子说："老师孔子之道，只是忠恕而已。"忠恕是学问的准则。忠恕就是"一以贯之"。孔子之前，没有人说忠恕，孟子之后，没有人理解忠恕。

｜　简注　｜

①《论语·里仁》："子曰：'参乎，吾道一以贯之。'曾子曰：'唯。'子出，门人问曰：'何谓也？'曾子曰：'夫子之道，忠恕而已矣。'"

｜　实践要点　｜

1. 根据心斋先生的说法，忠是忠于自己的本心，也就是诚。忠是成就自己。

而恕是通过成就自己来成就别人，所谓"诚者非诚己而已矣，所以成物也"。所以忠恕看似是两件事，实则是一回事。心斋认为孔子揭示出忠恕合一的道理。

2. 忠是忠于自己的本心，而不是内心一套，表现出的又是另一套。但人往往认不清自己的本心。有个人，生活环境对他有很多拘束，他活得不舒服，非常希望过一种随心所欲甚至放荡的生活。于是他下定决心和过去的生活决裂——我喜欢浪荡，那我就不顾别人的眼光，过一种浪荡的生活。然而，他的心真的喜欢浪荡吗？当他真去过日日浪荡的生活时，便觉得空虚、难受。他原本以为自己喜欢浪荡，实则只是因一时境况所产生的错觉。人如果依照这个错觉做事，便是放纵自己。这不是忠于本心，而是错认了本心。这不是"诚"，而是陷入一种偏执的情绪——因对现实生活之压抑的抵触而不管不顾地追求无拘无束。这便是被情绪所蒙蔽，心中真实的东西无法透露出来。这种情况，看似真诚，看似大大咧咧无遮无拦的，其实似诚而实伪。

3. 如何分别真正的"忠于本心"与"似忠实伪"呢？首先，真正的忠是可持续的，随时都是坦荡荡的；而"似忠实伪"只能一时坦荡，最终会归于心虚。第二，真正的忠，只是忠于本心，一个人的时候也是如此，面对别人也是如此，顺境也是如此，逆境也是如此。真正的忠在任何情况下都不会变。第三，如果我做到忠本心，那么我一言一行都是自良知而发，身边的人与我相处，必会感到从容自在。这便是"恕"。己所不欲，勿施于人，这是从消极的一面说恕道；唯是自修，而不去要求别人，使别人在与我相处的时候自改自化，这是从积极的一面说恕道。内在如果是真正的忠，表现在外，一定是恕，否则是"似忠实伪"。

4. 很多人把恕理解为体谅他人，宽宥他人，包容他人。似乎做到恕，难免就会委屈自己，委屈求全——也就是无法做到忠，忠于本心。

假如我有一个朋友，他有一些坏毛病，我本应当提醒他。但是想到我提醒他，他很可能不容易接受，我便不去说他，让他自己领悟。这很有可能不是恕道。很可能只是我怕他对我有意见（在乎自己的得失荣辱），抑或是没耐心仔细给他分析他的毛病，索性就不说了。这是"似恕实私"——看起来是包容别人，是一种恕道，实则是不愿意为别人用心，只想着自己。这也就是不忠于自己的本心，而被自己的私欲所蒙蔽。外在如果是真正的恕，那么内心一定极尽真诚，一定忠于本性，否则外在的恕只是一种"适己自便"（图自己省事，图自己方便）。

5. 人的本心，即是仁。仁，在内心修持上，表现为忠；在待人接物上，表现为恕。实则是同一个东西（仁）的两个面向。心斋认为孔子之前的圣贤都能契合这个合一的"忠恕"，只是没有把"忠恕一体"讲出来（也没有必要）；孔子则把"忠恕一体"讲了出来，曾子、子思、孟子等人继承此思想；孟子以后，学者基本上很难真正理解忠恕一体了。

二、孔子之学，惟孟子知之，韩退之谓"孔子传之孟轲"①，真是一句道着。有宋诸儒，只为见孟子粗处，所以多忽略过。学术宗源，全在出处大节，气象之粗未甚害事。

今译

孔子的学问，唯有孟子深知。韩愈认为"道由孔子传到孟子"，真是一句话说到了点子上。宋代诸儒，只因为看到了孟子气象上粗疏的一面，所以有许多人对孟子比较忽略。学术根本的源头，完全在出处进退的抉择上所体现出的大节义，气象上有些粗疏也不是很碍事。

简注

① 韩文公《原道》："尧以是（即：道）传之舜，舜以是传之禹，禹以是传之汤，汤以是传之文、武、周公，文、武、周公传之孔子，孔子传之孟轲，轲之死，不得其传焉。"

实践要点

1. 宋儒注重心性修养，强调"为己之学"——我们学习不是为了追求外在的名利，不是为了达到别人的标准，不为奉陪别人的脸色，只是为了自身德行的完善。宋儒讲："为学乃变化气质耳。"学习不是别的，就是变化气质。通过学习，通过不断地、深度地自反，自私的人可以变得善于体谅人，懦弱的人可以变得刚勇，虚伪的人可以变得真诚。孟子讲："君子所性，仁义礼智根于心，其生色也，睟然见于面，盎于背，施于四体，四体不言而喻。"（君子的禀性是仁义礼智植根于心中，表现在外表便有中正纯粹的气质，呈现在脸上，充盈在体内，舒发在四肢的一举一动上。不必说，别人都能感受到其中正平和的气息。）而有不好的气质的人，在修养好的人眼中无所遁形，《大学》所谓："人之视己如见其肺肝然"（君子看到小人的样子，小人再怎么掩盖，君子都仿佛直接看到他的肺和肝）。小人的一个眼神，便能透露出其胸中的不正（孟子："胸中正，则眸子瞭焉；胸中不正，则眸子眊焉。"）

人的一举一动，最细微的地方，都能展现出人心性上的问题，都可以透露出气质之偏。因宋儒有十分精细笃实的功夫，对自己的修养有着极高的要求，所以对气质看得很重。在宋儒看来，孔子是气质上完美的典型。《论语》说："子之燕居，申申如也，夭夭如也。"夫子居家的时候，有高大的乔木的那种舒展（申申如也），又有树叶摇晃的那种灵动（夭夭如也）。又如《论语》讲孔子"温而厉，威而不猛，恭而安。"夫子既温和又严毅，既有威仪又不鲁莽，既恭敬又安然。《论语》中子贡评价夫子"温、良、恭、俭、让"。《论语》里这些描述非常多，展现出夫子由完善的内在心性所透露出来的中和的气质。而对于孟子，许多宋儒则认为不如孔子温厚，多了一些"英气"，有一些"锐气"。与孟子同时的人也认为他"好辩"，而孟子自谓："予岂好辩哉？予不得已也。"宋儒多认为孟子的气质达不到孔子那般完美，故而更为注重学习孔子、颜回。所以心斋先生说："有宋诸儒，只为见孟子粗处，所以多忽略过。"

2. 气质是修身的结果，如果我们直心而行，为善去恶，日将月就，气象自然越来越好。如果只是追求外在的一个好气象，反而会伤害心性乃至身体。比如，一个心性本身不怎么样的人，追求不发怒，于是每每到发怒的时刻他就强迫着压下去怒气，虽然心中不平，而脸上不透露出来。这样修身，只是修个不发怒的模样，心中会产生心火，如此会伤害身体。另一方面，强硬压制怒火，遇到事情别人生气，我不生气，我便觉得自己比别人高明了。这样便容易自以为是，容易有个矜持心。有这个矜持心在，便不容易看到自己的过错，不会"闻过则喜"，专门"文过饰非"，用一张张"君子的面具"把自己伪装起来。如此做功夫，比起不做功夫的普通人更加痛苦。

徐波石先生早年和心斋先生学习的时候，一言一行都追求好的气质，做事的时候"有所持循"。用泰州方言（东台话）说，即是"憨憨循循"。憨，就是憨着，施展不开，心灵被束缚着。循，就是依循着一个君子的样子，而不能自作主张，自我挺立。这时候，心斋先生指着一旁砍树的人说："彼却不曾用功，亦未尝费事"。他没有做功夫，但是砍树砍得非常自然轻松。又一次，心斋和波石夜谈，路过一条小渠。心斋一跃而过，和波石说："汝亦轻快些！"（你也像我一样，轻快活泼一些。）

3. 心斋十分强调本末先后，轻重缓急。有些学友在家静坐，对家人不闻不问，把静坐当作头等大事，觉得家人总在干扰自己修行。

实际上，他连最基本的恻隐之心都做不到——家人忙得焦头烂额，他依然事不关己地枯坐在房间里。这便是追求一种高妙的气质，而无视眼前真实发生的事情，这是麻木。

子夏说："大德不逾闲，小德出入可也。"（《论语·子张》）在出处进退的大节上不能失去操守，在小的方面略有出入（偏差）还勉强可以。如此用功，久而久之，德行会越来越精纯，小德亦不会有出入了。但如果不管大的操守，平常干尽坏事，却去追求和别人说话的时候，不随意发火，这是颠倒错乱的。圣贤的气象只是我们修为的一个参照。我们看看圣人的言行气象，便知道自身还有很大的差距。绝不能一口气就要学成圣人的模样，这叫做"躐等而学"。

阳明曾经说过，宋儒濂溪明道之后，修行好的要属陆象山，只不过气象有些"粗"。学生就问怎么个"粗"法？阳明只劝学生去做功夫，功夫做久了，自己身心上升到一定程度，自然能明白。学问最关键的，就在于把握住大的方向，把握住出处进退的大节，在大的方面真实用功。而精微的气质，则是用功之后的"效验"。孟子说："大匠能与人规矩，不能使人巧。"大匠教人的时候只去教人规矩，教人"大节"，而精微之处，所谓"巧"处，则是要日积月累地做功夫，等到功夫做熟了，才能达到。

三、近悟得阴者阳之根，屈者伸之源。孟子曰："不得志，则修身见于世。"① 此便是"见龙"② 之屈，利物③ 之源也。孟氏之后，千古寥寥，鲜识此义。今之欲仕者必期通，而舍此外慕，固非其道。陶渊明丧后归辞之叹，乃欲息交绝游，此又是丧心失志。周子谓其为隐者之流，不得为中正之道。后儒不知，但见高风，匍匐而入。

今译

最近悟出一个道理：阴是阳的根源，收缩是伸张的根源。孟子说："不得志的时候，就通过自修来对世界发挥作用。"这就是"见龙"的退屈，却也同时是利物的根源。孟子之后，空空荡荡的一千多年，很少有人理解这一点。现今想要做官的必须要想通这一点，除此之外爱慕别的东西，那就不是圣人之道。陶渊明去武昌吊唁去世的妹妹之后，辞官回归田园，哀叹地写下了《归去来兮辞》，想要断绝和别人的交游，这又成了丧失对世人的仁爱心与救世的志气了。周濂溪先生称陶渊明是隐士一类的人，算不得中正之道。后世儒者不知道这一点，只看到陶渊明高尚的节操，便十分崇拜地和他学。

简注

①《孟子·尽心》："尊德乐义，则可以嚣嚣矣。故士穷不失义，达不离道。穷不失义，故士得己焉；达不离道，故民不失望焉。古之人，得志，泽加于民；不得志，修身见于世。穷则独善其身，达则兼善天下。"

②《周易·乾卦》九二爻辞："见龙在田，利见大人。"

③《周易·乾卦》文言："嘉会足以合礼，利物足以和义。"

实践要点

1. 心斋说："天行健，故通乎昼夜之道而知。"因为宇宙刚健地运行着，所以可以贯通昼夜，知掌昼夜。白天，万物在生长，万物不能一直生长而不休息，所以必须有个夜晚来休养。所以白天宇宙在生长，夜晚宇宙在调整以准备第二天继续的生长。所以宇宙无一刻不在生长。

人也是一样，要么在化民成俗，要么在准备化民成俗。四季也是如此，冬至之后，阳气刚刚萌发，这个阳气会贯穿整年——春天阳气生发，夏天鼎盛，秋天阳气衰弱，冬天潜藏。到了冬至，阳气到达最弱的程度，而这时候，一阳来复，新的一年又开始了。所以阳气，或者说春天万物的生意，涵盖四季。

我们修身也是如此，如果功夫做得深入，我们渐渐能把生活连成一片，就如同春天万物的生意把四季打成一片。这样功夫就没有间断，人身就完全浸润在"天道"之中。

2. 心斋先生所说的"大成学"即是把人生打成一片的学问。得志的时候在行道，不得志的时候也在行道，即：通过修身，为行道做准备。（一则增加自己的德行，一则凝聚学友，《周易》所谓"以贵下贱，大得民也"。）所以《大成学歌》说："随大随小随我学，随时随处随人师。"没有一刻不在传道，没有一刻不在致良知，没有一刻不在以自己的一言一行感染别人。这便是人生打成一片的境界。（这个层面的功夫在心斋的《大学》功夫中，属于正心功夫。有了正心功夫，修齐治平也就是自然而然的了。）

3. 从心斋"打成一片"的"大成学"来看，陶渊明不得志则退隐，便不是打成一片的生命。而孟子"得志泽加于民，不得志修身见于世"的说法，在心斋看来便是：得志也在入世，不得志也在通过修身、通过间接感染别人启发后世的方式来入世。穷则独善其身也是一种入世。在穷困的时候，务必要呵护自己的善，这个善是未来兼济天下的种子。

四、"智，譬则巧；圣，譬则力。"①宋之周、程、邵，学已皆到圣人，然而未智也，故不能巧中。孔子致知格物而止至善，安身而动，便智巧。

| 今译 |

"智，好比技巧；圣，好比力气。"宋儒周濂溪、程明道、邵康节，学已经都到了圣人的地步，然而还没有能到智的程度，所以不能巧妙地发而中节，一言一行都恰到好处。孔子通过致知格物来止于至善，安身而后动，所以能做到"智譬则巧"。

| 简注 |

①《孟子·万章》："智，譬则巧也；圣，譬则力也。由射于百步之外也，其至，尔力也；其中，非尔力也。"

| 实践要点 |

1. 孟子说："先立乎其大，则其小者弗能夺也。"人生有大的方面，道德仁

义即是大的方面；人生也有小的方面，饮食男女即是小的方面。大的方面，叫做大体，小的方面叫做小体。孟子说："从其大体为大人，从其小体为小人。"如果我们在大的方面用力，便是大人。

宋儒讲体仁，讲存天理去人欲，就是在立乎其大。宋儒一生践行仁义，一生存天理去人欲，一生只在这一点上用功，可谓豪杰。一个人，他是圣贤，是常人，还是小人，只在他是否把全副力气都放在追求道义上。所以孟子认为，伯夷、伊尹、柳下惠、孔子都是圣人。伯夷是圣之清者（圣人中清廉的代表）；伊尹是圣之任者（圣人中担当自任的代表）；柳下惠是圣之和者（圣人中宽和的代表）；孔子是圣之时者（圣人中，根据不同的局面呈现出不同的、最恰当的样子）。孟子说："居下位，不以贤事不肖者，伯夷也；五就汤，五就桀者，伊尹也；不恶污君，不辞小官者，柳下惠也。三子者不同道，其趋一也。一者何也？曰：仁也。"虽然伯夷、伊尹、柳下惠，做事的方式不同，但是有个共同的趋向，有个一致的用力点——仁。我们如果在"仁"上用力，在"大体"上用力，并且把我们全副力气都用在这一点上，便是圣贤。所以，做圣贤这件事，没有什么技术难度，只在于我们要不要做，孟子所谓"不为也，非不能也"——不愿意去做圣贤，并非无法做圣贤。

2."圣譬则力"，指的是在仁义上用力。而在用力于仁义的时候，本末先后，这就关系到"智譬则巧"了。心斋所说的格物致知，就是格度体验到身心家国天下是一体相关的。人是根于父母、连着兄弟、带着妻儿而在这个世界中存在的。在这个错综勾连的整体中，我的身心是根本，是个斡旋造化的中心轴。这就是格物致知——格知（在实践中去真切地感知）身为本，家国天下为末，这也就是心斋所说的"知本"。而在此基础上修身，凡事反己，通过自修来达到齐家治国平天下的目的，这就是"立本"。心斋所谓"立得吾身为天下国家之本"。这就是把己身安顿到至善之地，亦即《大学》所说的"止于至善"。止于至善就是立本安身。心斋说，以我们这个安顿好的己身与家人相处，家人自然能最大程度地被我们所感化，亦即："安身而齐家则家齐"。同样地，"安身而治国则国治，安身而平天下则天下平"。这就是"安身而后动"，安身而后动必然是"发而皆中节"，一切都恰到好处，亦即"巧中"。

所以"智"在心斋这里，即是知道己身在天地间的位置。陆象山先生小时候说"宇宙即是吾心"，亦是看到吾心在天地间的位置。这种"智"，不是推理、算计的能力，而是对生命真实的把握。

图书在版编目（CIP）数据

王心斋家训译注 /（明）王艮著；杨鑫译注 . —上
海：上海古籍出版社，2020.7
（中华家训导读译注丛书）
ISBN 978-7-5325-9666-9

Ⅰ.①王… Ⅱ.①王… ②杨… Ⅲ.①家庭道德—中
国—明代 ②《王心斋家训》—译文 ③《王心斋家训》—注
释 Ⅳ.①B823.1

中国版本图书馆 CIP 数据核字（2020）第 109254 号

王心斋家训译注

（明）王艮 著

杨鑫 译注

出版发行 上海古籍出版社
地 址 上海瑞金二路 272 号
邮政编辑 200020
网 址 www.guji.com.cn
E-mail guji1@guji.com.cn
印 刷 启东市人民印刷有限公司
开 本 890×1240 1/32
印 张 8.125
版 次 2020 年 7 月第 1 版 2020 年 7 月第 1 次印刷
印 数 1—2,100
书 号 ISBN 978-7-5325-9666-9/B·1163
定 价 43.00 元

如有质量问题，请与承印公司联系